TENDANCES NOUVELLES

TENDANCES NOUVELLES

Enquête sur l'évolution des industries d'art

H. Floury Editeur
Boulevard des Capucines
PARIS

HENRY NOCQ

Tendances Nouvelles

ENQUÈTE

SUR L'ÉVOLUTION DES INDUSTRIES D'ART

Préface de Gustave Geffroy

PARIS

H. FLOURY, Éditeur

1, BOULEVARD DES CAPUCINES

—

1896

Mon cher Nocq, je crois encore mieux, après les résultats obtenus, que vous avez bien fait d'entreprendre cette enquête sur la renaissance possible des industries d'art, sur les chances qui existent de créer un style nouveau, sur les rapports qui peuvent exister entre les travaux des producteurs et le goût public. Je n'aurai garde de reprendre et d'examiner, plus que vous-même, les précieuses opinions qui vous ont été confiées par tant d'intéressants créateurs et écrivains d'art. Il faut les accepter dans leur diversité, avec leurs contradictions évidentes parfois exprimées au cours du même témoignage, avec leur réconfort, et même avec leur méconnaissance du présent et de l'avenir. Les regrets du passé sont superflus, cela est trop sûr, et ce n'est pas un prétexte à mélancolie et à inertie qui doit être demandé à ceux qui nous ont précédés, mais un encouragement à vivre à notre tour notre vie comme nos aïeux ont vécu la leur. C'est à ce point de vue que la bibliothèque et le musée sont significatifs et essentiels, et d'un vivifiant enseignement. Ils ne parlent pas d'arrêt de vie et de momification de la pensée, comme on voudrait nous le faire croire, puisque tout au contraire ils nous donnent la connaissance de nous-mêmes en nous apprenant d'où nous venons, en nous mettant en possession de notre légitime héritage. Là, nous trouvons notre point de départ, nous prenons courage pour faire notre étape sur la longue route où marche l'humanité, nous savons la révélation de la nature par l'art, qui résume et commente la nature.

Aucune raison de désespérer n'apparaît au cours d'un voyage à travers les siècles. Retrouver ses origines, c'est au contraire se rassurer sur sa vie présente, et se préparer pour l'avenir. Surtout, que rien ne soit distrait de l'admirable labeur de l'homme, et que la beauté de notre temps ne soit pas méconnue. Notre chère époque, inquiète, troublée, mais si courageuse et admirable dans le tra-

vail de sa foule et de son élite, c'est elle qui est
parfois reniée et maudite par d'ingrats artistes
qui se servent de la science et de la raison qu'ils
ont acquises pour se retourner en ennemis contre
le temps qui les a produits. Mieux vaut travailler
à se perfectionner soi-même pour parfaire l'œuvre
inachevée. Conquérir encore et toujours plus de
savoir paraît une besogne plus utile que de nier le
savoir. L'artiste qui méconnaît la beauté du temps
où il vit nous oblige à nous demander où il prendra les éléments de sa pensée et de son art. Heureusement, la question se résout elle-même et le
labeur nécessaire de chaque jour a raison des
théories. Le trouble social de notre époque est le
signe de l'agitation de la vie, et tout au long de
l'histoire s'aperçoit la même recherche inquiète
qui nous est reprochée. Que l'art mêlé à la vie ait
été perdu, ou plutôt oublié, au cours d'un âge de
souffrances résignées et de révolutions violentes,
cela ne change rien aux destinées. Ce qu'aujour-
d'hui n'a pas fait, demain le fera. L'individu
passe, donne son apport, et le temps fait son œuvre.
Vous l'avez compris, mon cher Nocq, vous qui

vous refusez nettement à décrier l'effort universel, qui ne craignez pas d'accepter le mouvement industriel et de rêver une alliance future de l'art et de l'industrie, et qui allez, cherchant partout, à travers le cosmopolitisme, la notion éternelle d'humanité.

C'est par ce résumé hâtif que je me résume les chapitres de votre livre, et malgré les désaccords entre tous ces hommes si méritants, si sincères, qui vous ont répondu, je vois en leur réunion ici une vraie beauté. Je les vois tous animés d'une même foi en leur travail, tous modestes pour eux-mêmes, tous orgueilleux pour la profession qui leur a été transmise. Je vous remercie de m'avoir fait me joindre à eux, de m'avoir permis d'apporter mon dévouement à la même cause qu'ils servent, et qui est la cause de tous.

GUSTAVE GEFFROY.

PREMIÈRE PARTIE

ENQUÊTE

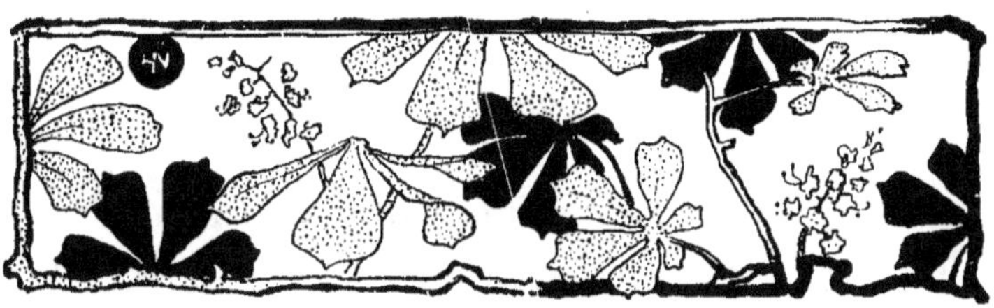

Ce petit livre comprend deux parties : la première est
une suite d'interwiews et de lettres; la seconde, avec
ce titre — Notes sur le progrès des industries d'art, — résume quelques questions qui n'avaient pas été examinées
dans les interwiews et cependant me paraissaient devoir
prendre place ici ; de façon à constituer un exposé d'ensemble, pourtant sommaire, des opinions, des vœux et des
craintes de tous ceux qui suivent avec attention ou peuvent
influencer la marche de nos industries d'art.

Je n'ai donc pas la prétention d'apporter aucun enseignement neuf aux artistes et aux écrivains déjà bien informés des plus caractéristiques tentatives de l'art moderne,
mais seulement un choix de documents aux nouveau-
venus dont la curiosité est sollicitée aujourd'hui par un
intéressant problème artistique, leur proposant comme
point de départ de leurs discussions et de leurs recherches

personnelles quelques opinions motivées par une expérience antérieure.

Toutes les dépositions de cette enquête ont paru, ainsi que les Notes, dans le « Journal des artistes » et dans la « Revue des arts décoratifs ».

Le 2 septembre dernier je publiai en tête du « Journal des artistes » cinq questions, demandant aux artistes et aux critiques d'art de vouloir bien me répondre dans la forme qu'ils jugeraient à propos, ou de m'indiquer un rendez-vous pour aller chez eux recueillir leur opinion.

Pensez-vous que la tendance constatée chez certains artistes, notamment au Salon du Champ-de-Mars, à appliquer leur talent de peintres et de sculpteurs à l'embellissement d'objets usuels, soit un symptôme d'une renaissance de nos industries d'art ?

— Y a-t-il un style nouveau (En France ou dans les autres pays) ?

— Si le style nouveau existe, quels sont ses éléments caractéristiques ?

— S'il n'existe pas, dans quelles conditions croyez-vous qu'il puisse se manifester ?

— Y a-t-il lieu pour le producteur de chercher seulement à satisfaire le goût public, ou, au contraire, à l'influencer et le diriger ?

On m'a reproché d'avoir, quand j'annonçais mon enquête et publiais le petit questionnaire ci-dessus, posé des questions trop larges « comprenant à peu près toute l'histoire de l'art en ce siècle » et demandant à être traitées avec des développements étendus. On m'a fait d'autres reproches encore et on a même nié l'opportunité de cette enquête et des interwiews en général.

Pour me justifier, j'ai le nombre, j'ai la qualité des dépositions qu'on a bien voulu me faire et dont j'entreprends aujourd'hui la publication.

Les questions telles que je les ai posées, au contraire, tout en maintenant entre les réponses un lien suffisant, ont permis à chacun d'insister sur tel ou tel point particulier, selon qu'il fut jugé à propos ; de là une plus grande diversité dans les témoignages et plus de précision technique.

J'ai employé les expressions « style nouveau » et « art appliqué » à regret, mais n'était-il pas indispensable d'avoir recours, si je voulais être compris, à des termes devenus d'usage courant. Pourtant j'ai évité d'employer l'expression « art décoratif » qui me paraît particulièrement malheureuse.

J'ajouterai que j'avais, avant de publier dans le « *Journal*

des Artistes » mes questions, interwiewé trois artistes :
M. Bracquemond, M. Grasset et M. Alexandre Charpentier. Ayant reçu d'eux d'intéressantes réponses, j'arrêtais
le texte de mes cinq questions définitivement.

Enfin que l'idée de cette enquête me vint au cours d'une
conversation avec M. Gustave Geffroy.

Je me suis efforcé, dans la publication des dépositions
orales, de respecter scrupuleusement au moins le sens des
conversations, si la forme et les mots exacts m'échappent
quelquefois ; de garder ici l'attitude modeste que j'avais
ailleurs et qui m'était commandée par le respect dû à mes
interlocuteurs d'abord, ensuite par le souci de conserver
vis-à-vis d'eux intacte mon indépendance. J'interviens le
plus rarement possible, et toujours dans la forme interrogative. Pourtant, si quelques personnes m'ont paru pré
juger de mes opinions personnelles, j'aurais mauvaise
grâce à m'en plaindre ; — j'en conclus qu'elles ont suivi
mes précédentes études avec une bienveillante attention.

Il eût peut-être semblé logique de classer les réponses
suivant les tendances artistiques différentes, comme dans
tout procès les témoins à charge et à décharge ; ou suivant
la compétence relative et la notoriété des témoins. Mais,
une classification, quelle qu'elle soit, m'aurait sans doute
valu des réclamations nombreuses ; je m'exposais à blesser
la modestie de ceux que j'eusse placés au premier rang ; à
désoler aussi, en précisant trop leur attitude, ceux qui préfèrent la prudence des situations vagues.

Comme je le disais plus haut, ma première démarche
fut dirigée

Chez EUGÈNE GRASSET

En de nombreuses visites aux peintres et aux sculpteurs
les plus différents, j'ai eu fréquemment l'occasion de
constater qu'il faut, pour avoir une idée à peu près complète
d'un artiste, de ses œuvres, de ses tendances, visiter son atelier. Ce n'est pas seulement que les œuvres, dans l'endroit
même où elles furent conçues et réalisées, gardent intacte
toute leur signification ; mais il y a entre un artiste et son
atelier une ressemblance frappante ; le logis permet de
formuler, sur celui qui l'occupe, un jugement assez complet, et de prévoir le genre de réponse promise à l'interwiew.

L'atelier de M. Grasset est celui d'un travailleur, d'un
érudit, d'un consciencieux. On n'y trouve pas ces déco-

rations louches qui, si souvent, nous donnent de l'artiste
une idée peu flatteuse et toujours confirmée dans les œuvres : Pas d'étoffes criardes, pas d'armures de théâtre, pas
de tapis levantins, ni de panoplies « Place Clichy », pas de
casques de pompiers 1830, pas de moucharabis. L'atelier
de Grasset n'est pas un atelier de réception, c'est un atelier de travail : esquisses, dessins, livres, pierres lithogra-
phiques, tout y dit le travail ; ils ont même l'air d'être là
comme documents, les quelques objets d'art peu nombreux,
peu luxueux, mais d'un goût irréprochable, posés sur les
meubles ou suspendus aux murailles. L'artiste, qui se lève
pour me faire entrer, est un homme simple et correct dans
sa tenue et dans son langage ; sa poignée de main, son
regard observateur derrière le pince-nez, son sourire un
peu triste, sa parole ferme, disent un homme honnête, un
convaincu qui a beaucoup lutté, un très artiste qui espère.

M. Grasset, pour écouter mes questions, interrompt
son travail, continué à l'heure où tant d'artistes revêtent,
avant d'aller diner en ville, l'habit noir et la chemise glacée.

« Je vois dans les manifestations d'art auxquelles vous
faites allusion le symptôme, non pas de la renaissance
des Arts mobiliers, mais d'un désir d'y arriver : une volonté louable de faire nouveau et mieux, mais cela seulement.

« Il n'y a pas là un style à proprement parler, mais

peut-être la semence d'un style. L'effort est divisé, tiraillé en tous sens, sans action commune, et quant à présent, je ne vois pas le moyen d'arriver à une direction unique. Un style n'est pas produit par un effort de volonté, mais par une libre évolution...

L e mal c'est l'archéologie. On est trop savant, on a trop remué la cendre des siècles passés, trop étudié les musées. Les monceaux d'objets d'art, de merveilles parfois entassés dans les collections, il est bon de les examiner au point de vue philosophique, mais c'est mauvais pour l'art. On est toujours trop disposé à imiter quelque chose qu'on a déjà vu ; d'abord c'est si facile ! Cette recherche d'archaïsme ne date pas d'aujourd'hui, elle a commencé à la Renaissance. La Renaissance est une époque néfaste, et les premiers coupables (responsables du mal dont nous continuons à souffrir) sont les hommes qui ont favorisé son éclosion. Je pense quelquefois à nos admirables maîtres maçons, qui, ayant couvert tout le territoire de prodigieux chefs-d'œuvre, durent tant souffrir quand les Italiens sont venus, avec leurs plans, pour imposer une manière de construire et de décorer renouvelée des anciens. Nos artisans y mirent, cela se comprend, beaucoup de mauvais vouloir, firent semblant de ne pas comprendre, pour pouvoir appliquer encore, le plus longtemps possible, leur manière personnelle et traditionnelle. Enfin les Italiens triomphèrent, hélas ! ils firent prévaloir leurs idées. Et depuis cette époque, nos édifices furent des superpositions d'ordres l'un sur l'autre : une embase, une colonne, un chapiteau, une frise ; une base, une colonne, une autre frise, et toujours ainsi. Et c'est tout ce qu'on trouva pour remplacer le bâtiment gothique, qui pousse du sol, comme une plante, avec sa destination particulière, nettement écrite, logique de bas en haut. L'art gothique était beau, c'était un art. Les productions qui sont venues depuis sont des assemblements de clichés de l'antiquité ; cela ressemble à ce discours de l'avocat de Rabelais, uniquement composé de citations. Cela peut être habile, peut être tout ce qu'on voudra que ce soit, mais pas de l'art. La décadence de l'architecture a amené la décadence de tous les arts mobiliers.

« Je crois qu'il faudrait renoncer à la science, qui n'a rien à voir dans la décoration ; laisser retomber la poussière de bibliothèque et revenir au Moyen Age, pas pour le copier, mais pour reprendre le mouvement là où la Renaissance l'a interrompu et continuer ; observer dans l'art appliqué le programme des peintres préraphaélites. Etudier le Moyen Age pour en tirer le bon sens qui est partout et se remettre à l'ouvrage avec le même bon sens et la même liberté. Mais encore une fois, copier et introduire l'art du Moyen Age dans la vie moderne, c'est odieux. Comme les artisans des époques gothiques, on suivra exclusivement son imagination et non plus les livres d'archéologie.

« On trouvera dans la nature tous les éléments de décoration qu'on pourra désirer. La nature, voilà le livre
d'art ornemental qu'il faut consulter. Si l'on a le respect de
la matière employée, si l'on ne fait dire au fer que ce qu'il
peut dire vraisemblablement ; si l'on emploie le bois comme
il doit être employé : si l'on tient compte du grain, du
fil, de la couleur de chaque substance mise en œuvre, ce
respect de la matière modifiera suffisamment les formes
naturelles ; cette modification logique, cette interprétation
raisonnable est déjà du style.

« Le producteur doit faire à sa tête. Sa fantaisie est li-
mitée seulement par l'utilisation nécessaire de l'objet inventé. »

Chez **ALEXANDRE CHARPENTIER**

Rue du Chemin-Vert, à Billancourt. Cela paraît à l'autre bout du monde pour un Parisien des boulevards, et pourtant que d'amis connaissent bien le chemin qui mène chez Alexandre Charpentier.

Au fond d'un grand jardin presque inculte, l'atelier en torchis et la maison, une bonne maison de campagnards avec de clairs rideaux aux fenêtres. Cette maison blanche, au soleil, a un air de gaîté qui fait oublier la route grise ; route poudreuse de banlieue parisienne. Le long du mur, d'un arbre à l'autre, sèche le linge mouillé sur des cordes tendues ; des draps blancs, de petites robes rouges. Tout près du logis, quelques arbres font berceau, et Mme Charpentier est assise à l'ombre, s'occupant de quelque travail de couture. A peine ai-je le temps de lui présenter mes respects et déjà les animaux familiers me font fête : des chiens..., des chats..., il en vient de partout..., des oies même me donnent le bonjour...

Dans l'atelier, le plus amusant désordre : les outils du

potier d'étain fraternisent sur l'établi avec les revues littéraires et scientifiques ; un superbe piano à queue, marqué
Pleyel, brille au milieu des selles à modeler glaiseuses. Sur
le piano, les cartons à dessin entassés avec les cahiers de
musique, font un lit où s'étendent côte à côte la flûte et le
violoncelle du maître. Car on fait chez Charpentier de
l'excellente musique de chambre ; tout à l'heure j'aurai la
joie d'entendre un merveilleux quatuor. Pour l'instant,
l'artiste travaille. Assis sur une chaise très basse, presque
accroupi, le nez sur son travail, il cisèle précieusement les
minuscules figurines de la fontaine-lavabo qu'il destine au
salon du Champ-de-Mars.

Je lui récite mes questions :

Je ne crois pas qu'il y ait un style moderne, dit-il. Les
objets d'art du Champ-de-Mars et de la Libre Esthétique
sont très intéressants, mais ne constituent pas un style. En
tout cas pas encore. Et puis, il y aurait un style que nous
n'en saurions rien, nous-mêmes, mêlés au mouvement que
nous voudrions juger et expliquer. On le saura plus tard,
quelques années peuvent suffire pour s'en rendre compte,
Ainsi quand on a construit l'Opéra, personne n'a compris
la donnée. On a vu des redites d'une chose et d'une autre
et maintenant nous comprenons que l'Opéra a son caractère particulier. L'architecte de la Madeleine a cru de
bonne foi édifier un temple grec, et tous ses contemporains

l'ont cru avec lui ; mais pas du tout : ce n'est pas grec, c'est empire ; et cela porte merveilleusement le cachet de son époque.

« Pour que nous puissions constater l'existence d'un style, il faudrait juger sur un ensemble de productions ; et il n'y a pas d'ensemble. Il y a des cas isolés. Les objets d'art exposés au Champ-de-Mars et à la Libre Esthétique apparaissent seulement comme des fantaisies d'artistes, mais non des objets mobiliers. Pour ne parler que de l'étain, il est bien évident que mes vases ne sont pas des ustensiles de ménage ; les personnes qui les achètent les placent sur des dressoirs ou sur des tables où ils reposent en paix. Au contraire, les objets anciens dont on analyse les éléments caractérisques en vue de déterminer le style d'une époque d'art mobilier sont des objets qui ont servi.

« Il faudrait donc que les pots et les plats d'étain, au lieu d'être conçus comme des morceaux de sculpture et exécutés dans les conditions statuaires soient faits comme de l'étain, c'est-à-dire qu'une fois le moule en cuivre établi, on puisse en tirer un nombre infini d'exemplaires et les vendre très bon marché.

« Il faudrait que nous soyons, comme autrefois, des artisans dans leur échoppe. A Bruxelles, la Société « l'*Art* » le réalise presque : elle a une boutique, une vraie boutique de marchand.

« . . . . . Oui, il faut absolument que l'objet d'art soit

non plus un objet de vitrine, mais un ustensile courant répandu dans le commerce. Pour le bien indiquer au public, j'aurais voulu et Carabin l'avait compris comme moi, qu'on puisse, à notre section au Champ-de-Mars, placer sur chaque objet, une étiquette avec le prix. Cela se fait déjà à la libre Esthétique. »

Depuis le jour, — pourtant peu éloigné en somme —, où Alexandre Charpentier m'a fait les déclarations qu'on vient de lire, quelques-uns des souhaits qu'il formulait ont été réalisés, réalisés par lui-même : je suis heureux de rendre justice ici à un ami, et à un artiste de conscience et de ferme volonté : avec ses intéressants essais de papiers gaufrés, de cuirs frappés, de lithos en relief, il a nettement orienté sa production vers l'art populaire dont il attend la prochaine renaissance.

Chez FÉLIX BRACQUEMOND

Je rencontre M. Bracquemond devant sa porte, comme il rentrait de sa quotidienne promenade dans le parc de Sèvres. Aussitôt, je lui expose le but de ma visite : mes études sur l'art mobilier, mon enquête. Sa figure prend une expression de malice extrêmement curieuse : « Ah ! ah ! fait-il. Entrez. » Et il m'introduit dans l'atelier.

C'est un vrai hasard de me rencontrer — car j'arrive de voyage, et je vais sans doute repartir. — J'ai fait un tour dans le Nord, j'ai vu plusieurs musées ;... ah ! ces musées de province ! des façades imposantes quelquefois... Mais ces tableaux de maîtres ; des Henri Regnault, à 3 fr. 25 encadrés. Et toutes ces méchantes gravures.... dons de M. de Rothschild. Franchement, M. de Rothschild, s'il juge à propos d'acheter de pareilles choses par philanthropie, pourrait bien se dispenser de les infliger à des musées...

« Mais voyons vos questions. »

— « Pensez-vous, monsieur, que la tendance constatée chez certains peintres et sculpteurs, notamment au Salon du Champ-de-Mars, d'appliquer leurs connaissances artistiques à la décoration d'objets usuels soit un symptôme de renaissance de nos industries d'art ? »

— « Je ne crois pas… ; M. Desbois est un sculpteur de talent, c'est certain ; mais comment fait-il ses étains ? Il prend une écuelle de Nevers et y modèle un bas-relief ; ou bien il enlève l'anse d'un pot du xviii⁰ siècle et la remplace par une figure de femme contournée. Pourquoi diable n'a-t-il pas fait une statuette ou un bas-relief sur un fond plat ? M. Carabin prend prétexte d'une table ou d'une armoire pour nous montrer qu'il sait exécuter une statue en bois ; c'est un très bon ouvrier ; encore que je lui reproche de gratter trop le bois, au lieu de le couper franchement. Mais ont-ils trouvé une forme inédite de table ou d'assiette ou de pot ? Non, n'est-ce pas. Eh bien ! ils n'ont rien trouvé du tout… »

— « Alors le style moderne n'existe pas… »

— « Il n'y a pas de style, puisqu'il n'y a pas de volonté générale, pas de doctrine unique. Il n'y a pas de doctrine unique, parce qu'il n'y a plus de critique d'art. Il y a une littérature d'art charmante : M. de Goncourt, M. Geffroy font merveille de descriptions d'œuvres d'art ; mais il n'y a plus de critique technique et plus d'enseignement.

« L'enseignement, voilà la chose qu'il faudrait réformer de

fond en comble. Il y a des écoles d'*Art décoratif*. Le mot
est déjà... bien bizarre : il est inventé par... un amateur
plein d'illusions... Quoi ! Michel-Ange a peint la chapelle
Sixtine. Il l'a décorée. Voilà donc de l'art décoratif. Va-t-on
dans les écoles en question apprendre aux enfants à devenir Michel-Ange ! Cela ne signifie rien.

« L'art ornemental, voilà un terme meilleur. Mais
l'art ornemental est mort, il n'y a plus d'ornement. Depuis la raison sociale Percier et Fontaine, il n'y en a
plus.

« Un style ornemental ne naît pas d'un seul coup.
L'exemple de l'histoire est là : ainsi Lepaute procède de la
Renaissance, son ornementation est cependant bien à lui.
Il a le même parti pris de lignes et de rinceaux que la Renaissance, et cependant la rocaille est déjà tout entière
chez lui... Après lui, Gillot, admirable et presque inconnu ;
puis Watteau, puis l'architecte Meissonnier semblent le
continuer ; mais ils élaguent certains détails des ornements
de Lepaute et en ajoutent d'autres ; s'ils copient, c'est avec
la liberté de gens bien doués, et les formules nouvelles se
dégagent ainsi par une transformation lente où l'émulation
prend une part active.....

« Il faudrait tout simplement apprendre le dessin et le
dessin modelé. Parce qu'on ne sait plus modeler et faire
encore de l'ornement comme en faisait Lepaute, comme
Percier...

— « Voyons, vous-même, avez-vous pratiqué ? Avez-vous appris le dessin ? »

— « Oui, Monsieur, j'ai appris... un peu. »

— « Eh bien ! nous allons voir. Je vais faire un dessin sous vos yeux, et vous le corrigerez ; vous êtes le maître et moi l'élève. »

Je proteste inutilement. M. Bracquemond s'assied devant un plâtre de Rodin, et ébauche un croquis avec la pierre noire : Puis il se retourne et me demande pourquoi ce dessin est mauvais ?

— « Vous voyez, reprend-il gaiement, si vous avez appris à dessiner, vous avez mal appris. Mon dessin est mauvais, parce que les valeurs y sont mal distribuées ; la distribution des valeurs, tout est là ; dans la peinture, dans la sculpture, dans tous les arts ; cela paraît simple, et c'est pourtant par là que tout le monde pèche aujourd'hui ; et l'artiste n'a pas d'éducation complète sans cette connaissance indispensable. L'Art ornemental est là aussi : toute décoration n'est qu'une bonne distribution de valeurs. »

Et le maître rit encore, en me fixant de son œil ironique, par-dessus les lunettes serties d'écaille, énormes comme des lunettes chinoises.

— « Non ! non ! vous ne savez pas dessiner. »

« Il faut apprendre le dessin ; le des-sin mo-de-lé (M. Bracquemond appuie beaucoup sur le mot modelé). Sachant modeler, se servir de la nature comme moyen, en l'interprétant à sa façon à soi. Un solide enseignement du dessin donnerait à tous une communauté d'idées générales nécessaire, l'originalité de chacun restant suffisamment indiquée par l'exécution de chacun ; car, remarquez-le bien, l'exécution particulière de chaque artiste s'affirme toujours, comme l'écriture individuelle, même entre gens de la même école... Il est vrai qu'il n'y a plus d'écoles..., il n'y a plus d'école française, italienne, allemande ; il n'y a que des individus, des hommes extraordinairement variés... dans leurs pastiches de tel ou tel : l'un est italien du xve siècle, l'autre est gothique ou japonais ; ce désarroi vient de ce qu'il n'y a plus d'enseignement.

« Toutes ces questions sont très complexes et il est difficile d'exprimer suffisamment ses idées en quelques mots, et surtout de donner une réponse à un problème qui n'est pas posé d'une façon claire : on n'a même pas encore défini suffisamment les termes. Demandez donc à tous ceux qui en causent. Qu'est-ce que l'ornement ? Qu'est-ce que le dessin ?

« M. Larroumet disait récemment dans un discours : « Il faudrait que les architectes prissent la tête du mouvement ! » C'est bien joli ! Il faudrait qu'ils le puissent ! Ils ne savent plus leur métier. Voyez leurs constructions. S'il y avait des architectes de grand talent, s'il y en avait un comme Lepaute ou même comme Percier, il prendrait par la force des choses la tête du mouvement, sans l'intervention de personne. M. Roujon est un homme charmant et plein de bon vouloir ; mais M. Leygues ne peut pas lui ordonner de trouver l'homme qui nous manque. S'il existait, il se serait déjà produit tout seul.

— « Y a-t-il lieu pour le producteur à chercher à influencer le public ou au contraire à le diriger ?

— « J'ai eu fréquemment l'occasion d'être en rapport avec des fabricants. Quand un objet a du succès dans le public, on ne sait pas pourquoi, c'est une source intarissable de surprises et de déceptions, et tout calcul de prévisions est inutile. Le producteur n'a donc pas à s'occuper du goût du public, puisque le public n'y entend rien et il doit faire à sa tête. »

Comme M. Bracquemond, M. Roty est surtout préoccupé de la question de l'enseignement.

Opinion de OSCAR ROTY

J'imagine un peintre dans son atelier, recevant tour à
tour plusieurs personnes :

« Le premier visiteur lui dit : Monsieur, voulez-vous
vous charger du portrait de ma femme ? Je désirerais que
vous la peigniez dans son intérieur au milieu des objets et
des meubles familiers. L'artiste accepte la commande. Le
deuxième visiteur désire garder le souvenir d'un cheval
ou d'un chien favori. Le troisième désire des panneaux
décoratifs, des motifs de chasse ou de pêche pour sa salle
à manger. Un quatrième demande le modèle d'un surtout
de table ou d'une broderie de tenture. Le même artiste
peut donner satisfaction à toutes ces demandes... Cet
homme que je cherche en vain aujourd'hui a existé autrefois. A toutes les bonnes époques d'art les véritables maîtres possédaient cette souplesse de talents. Maintenant,
chacun s'est spécialisé. Le peintre capable de faire une
bonne figure doit confier à un animalier l'exécution du
cheval et du chien, il doit faire appel au confrère peintre

de natures mortes, pour les meubles, au paysagiste pour le fond de campagne, à l'ornemaniste pour les arabesques, au perspecteur pour l'architecture.

« C'est la même chose dans les industries d'art. La division du travail est un grand danger. Si l'éducation des artistes est incomplète, celle des artisans ne l'est pas moins. Et c'est dans l'éducation que je vois la nécessité la plus urgente des réformes. Sans cela toutes les tentatives sont vaines ; et je me sens inquiet, en pensant que bientôt nous allons être rejoints et distancés par les nations voisines, sur un terrain qui fut nôtre pendant de longues années.

Il faut, pour les arts du décor, des artistes très forts, et je crains que souvent les artistes qui s'y adonnent et envoient des objets d'art à nos Salons annuels n'y soient venus que comme pis aller et pour trouver des débouchés qu'ils n'avaient pas réussi à se procurer jusque-là... Oui, il faut que ce soient les meilleurs d'entre nous qui se mettent résolument à la tâche.

« Un bon élève doit travailler pendant 14 heures par jour. Mais pas comme on travaille à l'Ecole. Certainement dans l'enseignement de l'Ecole, il y a de bonnes choses, des choses indispensables même ; mais enfin, j'aurais eu un élève, je ne l'aurais pas du tout formé d'après les programmes adoptés généralement.

« Et j'aurais bien voulu avoir un élève, j'aime l'enseignement, je trouve cela très beau. Mais personne n'a eu la

volonté résolue de me suivre. Pour maintenir l'élève à
l'étude, sans le fatiguer cependant, j'aurais varié le travail,
tout en le faisant chaque jour dessiner, modeler, graver, je
l'aurais obligé, pour se reposer, à travailler comme ouvrier
dans toutes les professions voisines de son art. Je l'aurais
embauché successivement comme ciseleur, comme forgeron, comme fondeur, et ces expériences manuelles auraient
été d'un bien grand profit, et je suis convaincu qu'en quelques années, un jeune homme ainsi mené aurait été plus
fort que nous. Parce que l'éducation ainsi comprise aurait
évité que mon élève soit étroitement enfermé dans une
spécialité, et aussi surtout développé son bon sens. Le développement du bon sens, c'est l'essentiel. »

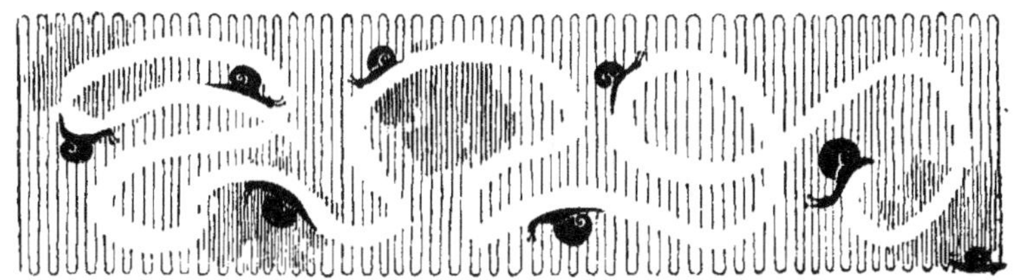

Gustave Serrurier est encore peu connu à Paris. Aussi il convient de rappeler ici quelle contribution importante il a apportée au renouveau moderne : son dévouement désintéressé à une tentative de groupement liégeois analogue à celui que dirige, à Londres, M. William Morris. Le premier, il a réalisé décorativement — (à la Libre Esthétique) — « une chambre d'ouvrier ».

Lettre de GUSTAVE SERRURIER

Liège, 24 septembre.

Vous me demandez mon opinion sur l'évolution qui se manifeste depuis quelque temps dans les industries d'Art. Il me plaît fort de vous la donner, non pas que je lui attache une valeur particulière, ni que je prétende l'étayer sur des arguments nouveaux, mais parce qu'en cette lutte pour l'art, qui se prépare, ce n'est pas trop de toutes les bonnes volontés et de tous les efforts réunis pour arriver à vaincre les vieux errements et à abattre cette séculaire forteresse qu'on appelle la routine.

« Ce n'est pas d'aujourd'hui que la question de l'union de l'art avec l'industrie est posée, et Viollet-le-Duc, l'homme le plus clairvoyant et à la vision la plus juste en cette matière a écrit, il y a plus de trente ans, les plus belles pages qui se puissent lire sur ce sujet. Le problème est des plus complexes, et ce qui le rend plus compliqué encore, c'est qu'il ne s'agit plus seulement maintenant de savoir si les artistes de notre temps trouveront la formule d'un art nouveau et quelle sera cette formule. Il ne suffira pas que les meubles et les objets qui nous entourent et au milieu desquels nous vivons, soient revêtus de formes inédites. Il faut que les architectes se décident enfin à nous construire des habitations qui ne soient plus des pastiches mesquins et prétentieux des architectures passées, des habitations d'où soit enfin bannie cette « insincérité » qui domine et caractérise l'art de notre époque.

« A quoi auront servi les efforts des peintres, sculpteurs, artistes et artisans d'art, si nous devons continuer à vivre dans la barbarie architecturale que nous subissons ?

« C'est donc un mouvement général qui doit amener une rénovation artistique et aucune catégorie d'artistes ne peut ni ne doit s'en désintéresser.

« Pour m'en tenir plus spécialement au sujet qui vous

intéresse, il est certain que la tendance qui se manifeste actuellement dans les industries d'art est intéressante à suivre. Ce mouvement qui se dessine amènera-t-il une véritable renaissance ? Cela peut être, comme aussi cela peut n'être pas. Tout dépendra des artistes eux-mêmes. S'ils font ce que certains appellent, non sans dédain, de l'*Art industriel*, uniquement pour se créer de nouveaux débouchés ou pour suivre une mode naissante, il faut s'attendre à voir ce mouvement rester stérile et sans profit pour l'Art. Il n'y a pas de plus grand ennemi de l'Art que la mode, et je crois qu'il est de nécessité absolue que l'artiste ne se fasse point le serviteur de cette chose absurde et inintelligente qui est la mode. Il devra, au contraire, lutter contre bien des idées reçues et des principes consacrés par la routine. C'est à lui d'imposer au public une Esthétique plus sincère et plus conforme à la saine raison.

« On ne saurait trop le dire : Si cette tendance à faire du neuf n'a d'autre raison d'être que les désirs d'un public blasé, — si le mouvement qui commence doit avoir seulement pour objet la recherche de formes nouvelles, — s'il ne s'agit enfin que d'abandonner le suranné qui nous régit encore, sans un autre motif que la satiété générale, je crois fermement que cela ne peut aboutir qu'à un avortement inévitable. Je pense que la mission dévolue à l'artiste est plus grande et sa portée plus haute ; son rôle est d'éclairer les intelligences, d'épurer et d'élever les pensées.

« Le monde intellectuel et social dans lequel nous vivons est manifestement appelé à une transformation prochaine. Une évolution se prépare qui amènera vraisemblablement des modifications profondes à l'ordre de choses actuel et si les artistes commettaient l'erreur de mettre leur talent au service de la décadence du moment, ils verraient leurs œuvres fatalement condamnées à sombrer avec le régime qui finit. En un mot ce n'est pas pour une Société qui disparaît qu'il faut travailler et mettre en œuvre toutes nos facultés créatrices, mais plutôt pour un monde nouveau dont on peut prévoir l'avènement et à qui nous pourrons laisser les prémices d'un art vraiment jeune et fort.

« Que sera ce style neuf ? Voilà certes la chose dont, pour ma part, je me préoccuperai le moins. On ne peut penser à improviser, ni à échafauder tout d'une pièce un style nouveau. Il faut avant toute chose que l'artiste, s'élevant au-dessus du chaos artistique où nous sommes, se forme quelque chose comme un *Credo* d'Art ; qu'il se débarrasse ensuite du bagage de choses surannées que nous traînons après nous et que, dans la pauvreté de notre imagination, nous exploitons impudemment depuis un siècle. Il ne me paraît pas douteux que, partant de convictions raisonnées, l'artiste n'arrive à la Forme nouvelle, Forme qui sera d'autant plus belle et plus pure qu'elle exprimera mieux les principes d'art vrai qui lui auront donné naissance. De l'ensemble des œuvres que l'art ainsi compris aura enfantées se dégagera alors ce *style* tant désiré, car le *style* est le caractère propre à une époque d'art.

« Préjuger de ce que sera cette expression, serait assez malaisé et, du reste, inutile. Ce n'est pas du point d'arrivée que nous devons nous occuper maintenant, mais plutôt du point de départ.

« Bien que notre imaginative, aujourd'hui engourdie, pour avoir trop longtemps désappris à s'exercer, ou pour s'être égarée en de fausses voies, soit souvent rétive, il n'est, pour moi, pas de doute que, partant d'une méthode logique et vraie sans laquelle il n'y a pas d'art durable, on n'arrive à formuler une Idée Esthétique réellement neuve et originale dans son expression.

« Mais j'ai l'absolue certitude que cet Art devra et ne pourra éclore que simultanément avec un ordre de choses moral et philosophique nouveau. Un Art sincère, je dirai même honnête, n'est pas compatible avec la vie fausse et artificielle dont nous vivons.

« Voilà, Monsieur, mon opinion sur ce sujet. Je vous la donne telle que je la professe, ne regrettant qu'une chose, c'est que ma personnalité fort effacée ne lui donne pas tout le poids et la valeur que je voudrais lui voir attribuer. »

Opinion de **JEAN DAMPT**

L'art décoratif d'une époque est le goût de cette époque adapté à ses besoins, à ses désirs, à ses aspirations et appliqué même aux choses les plus intimes de la vie.

« C'est ainsi que les Gothiques, ces délicats penseurs, sculptaient sur leurs meubles, et même sur les objets les plus communs, des pensées religieuses, des rêves d'anges et d'amour chevaleresque. Les Egyptiens portaient comme agrafes des animaux sacrés, des images d'Isis et d'Osiris.

« Les Grecs (si Pompéï est une pâle manifestation de leur goût) donnaient aux moindres objets des formes de divinités ; à leurs oreilles, ils suspendaient de petits amours ; sur leurs miroirs, ils gravaient des toilettes de Vénus ; leurs coupes, leurs casseroles mêmes étaient ornées de bas-reliefs représentant les mystères de Bacchus.

« Mais nous, Modernes de 1900, où sont nos croyances ? où sont nos aspirations ? pour que nos artistes les divinisent et les plient à cette décoration qui doit charmer nos vies.

« Nous sommes sans passé, puisque nous nions le passé gothique ; sans idéal, puisque nous n'aimons rien, sinon les plus stupides satisfactions sensuelles. Notre siècle est le triomphe de l'ingénieur : — Cours avec tes machines à vapeur, parle avec tes téléphones, parcours la terre comme un éclair, mais dans le ciel tu ne feras pas un pas ; tu en oublieras jusqu'au désir : toi tu n'as pas même une espérance, tu veux un art!

« Nous en sommes réduits à copier et recopier sans fin le passé, bien qu'il soit si peu en harmonie avec nos idées et notre façon de vivre. N'est-il pas plaisant de voir parfois une canne Louis XV à pomme finement ciselée, entre les gros doigts velus d'un bourgeois ventru, habillé par la Belle Jardinière ou Old England. D'ailleurs quelle décoration pourrait-on trouver s'harmonisant avec le costume moderne ? Nous vivons vraiment à l'époque du tuyau : tuyau sur nos têtes, tuyau autour de nos bras, tuyau autour de nos jambes, tuyau blanc en forme de manchettes et toujours tuyaux les paysages de notre Paris.

« Le style nouveau n'existe donc pas ; pour le créer, il faudrait que les fils de bourgeois qui, conquirent hier la puissance devinssent des hommes de goût, de grands seigneurs capables de comprendre un art pour eux ; ils verraient qu'on peut mieux appliquer les découvertes de notre époque. Sur ce fumier moderne peut-être poussera-t-il une génération meilleure ; alors les machines serviront à soulager la misère ; le télégraphe transmettra plus vite les plaintes de ceux qui souffrent, les chemins de fer renver-

seront les frontières où guette la force armée. La coupe
de pitié répandue sur cette terre par le crucifié n'est pas
encore épuisée et ceux qui, comme lui, auront mis tout
leur cœur dans une œuvre, alors seront compris et aimés.

« L'artiste de son côté, dans un but de lucre, ne doit pas
flatter le goût du moment : au lieu de s'abaisser lui-même,
il doit élever le public jusqu'à lui. Puisque l'art décoratif
a pour but d'apporter le charme du beau dans notre vie
intime, il faut qu'il adapte aux objets usuels les éléments
de beauté épars dans la nature, dédaignant les objets inutiles, qui deviendraient d'horribles bibelots. Qu'il fasse
cette adaptation avec goût, intelligence et discernement ;
que l'objet soit agréable au toucher, que les ornements ne
nuisent point à son usage et à sa solidité, enfin que la couleur et la richesse viennent y ajouter leurs charmes. Surtout qu'il sache bien adapter la matière à la composition et
à la destination de l'œuvre ; ne pas faire un bois d'une
chose destinée au plâtre, ne pas forger du fer qui ressemble à de la fonte. Il doit être d'abord ouvrier, puis artiste
par le sentiment, enfin penseur par l'idée.

« Tel doit être le but de l'artiste décorateur ; mais avant
tout qu'il se souvienne que toujours et toujours l'Art est
l'essence de la nature épurée, affinée, synthétisée à travers
un tempérament d'artiste, qui doit, non la copier, mais la
transformer, la styliser. »

Chez ERNEST DUEZ

Le temps est passé, me dit M. Duez, des tableaux et des statues, sans but déterminé, et prétendant former à eux seuls un tout complet. A part quelques noms dont les œuvres font banque, bientôt les artistes qui s'obstineront à rester en dehors du mouvement moderne verront que le public ne désire plus rien d'eux.

« Les peintres et les sculpteurs doivent donc forcément diriger leurs efforts et leur talent vers l'embellissement de tous les objets au milieu desquels nous vivons. La plupart y viennent ; je le constate avec joie, car j'y ai toujours pensé. Le mouvement se généralise ; est-il né d'une tendance nouvelle parmi les artistes, ou bien, au contraire, ceux-ci ont-ils suivi les modifications du goût public ? Je ne sais ; mais enfin le mouvement existe, et c'est l'essentiel.

« L'exemple de l'Angleterre où la rénovation du mobilier, dans un sens moderne, à la fois charmant et pratique, remonte déjà à quelques années, n'est sans doute pas sans avoir eu sur nous une influence très réelle, influence heureuse, si l'on n'en abuse pas, ce qui est à craindre. Voilà

que les acheteurs se précipitent en foule chez Maple et
chez Liberty. Ils ont raison, puisqu'ils trouvent là des
meubles et des étoffes qu'ils ne voient encore nulle part
ailleurs, et dont je n'ai pas à faire l'éloge... D'ici quelques
années tous les intérieurs seront décorés à la mode anglaise... Ce n'est pas la perfection, mais c'est déjà un progrès sur ce que nous avions jusqu'à présent... Les Anglais
savent orner leurs appartements de boiseries claires, de
meubles aux laquage. gais et pimpants, d'étoffes cha-
toyantes, dont l'ensemble harmonieux et diversement
coloré, leur fait des intérieurs pleins d'une bonne chaleur
d'intimité. Et c'est vraiment une surprise, après une course
dans une rue grise, enfumée et obscurcie de brouillard,
que de pénétrer dans un petit hôtel, tout brillant, avec des
rideaux finement nuancés de mousselines légères et des
boiseries roses ou vert-pomme... Mais hélas! Si l'on se
met ici à imiter ce goût anglais, on l'imitera sans doute
trop... car tout ce que nous voulons, nous le voulons à
l'excès... « Mais je vais vous montrer quelques travaux,
la petite pierre que je veux apporter à l'édifice nouveau... »
. Dois-je avouer que je fus surpris, mais très agréable-
ment surpris des objets d'art réalisés par M. Duez. D'abord
toute une suite de dessins destinés à être brodés en soie de
diverses couleurs, pour des coussins et pour des écrans ;
puis des décorations murales, obtenues par des combinai-
sons d'épreuves de deux planches seulement qu'il a gravées à
la pointe sèche. Mais les broderies surtout sont charmantes.

M. Duez a composé ses ornementations exclusivement
« avec des fleurs naturelles, dit-il, sans les torturer, sans les
écarteler, ce qui fut peut-être nécessaire pour l'ornementation des chapiteaux, des meubles, ou autres motifs où
l'architecture joue le principal rôle ; ce qui me paraîtrait,
dans ce cas, un massacre inutile ».

Il s'en tient de préférence aux fleurs de notre sol, esti-
mant avec raison que les plus humbles, les plus mécon-
nues, sont souvent les plus magnifiques. — « Comme c'est
beau, une simple branche de mûrier sauvage chargée de
ses petits fruits rouges et noirs. » — Et par dessus toutes
choses, tandis qu'il dessine et peint ses projets, il n'oublie
pas un seul instant les conditions d'exécution, admirable-
ment secondé dans ses travaux par une femme d'un goût
raffiné et d'une habileté manuelle prodigieuse.

Au fur et à mesure que le dessin se précise sur le papier
ou sur la toile, Mme Duez en suit la réalisation brodée avec
les soies nécessaires à l'achèvement exact du travail sur le
satin ou le velours de la couleur proposée, elle sait varier
les nuances, en tenant compte du chatoiement des soies
placées en droit fil ou en diagonale, préciser les formes à
son gré, en modifiant les points comme des tailles de
graveur.

J'ai vu plusieurs morceaux de tapisserie presque achevés ;
et puis affirmer que leur exécution ne serait pas désavouée
par le plus précieux brodeur japonais.

Le 4 avril, la triste nouvelle de la mort subite de M. Duez nous est parvenue, tandis que nous corrigions les épreuves de ce volume ; qu'il nous soit permis d'affirmer ici nos regrets et notre sympathie pour l'homme de talent et le brave homme que fut E.-A. Duez.

Lettre de **HENRY CROS**

. . . .

« Oui, je pense qu'un heureux mouvement reporte la direction de nos industries d'art vers les vrais artistes, qui jamais n'auraient dû s'en désintéresser. En art, en effet, me semble-t-il, l'unité s'impose ; il y a, veux-je dire, des œuvres qui se manifestant sous une forme ou sous une autre, sont et demeurent des œuvres d'art. Toute délimitation entre elle ne peut se légitimer que par la différence du talent ou du génie des artistes qui les ont conçues.

« Néanmoins, chaque outil, chaque matière employés offrant des ressources, imposent aussi des limites. Un poète écrit au haut de la page où il veut rythmer la pensée du moment : Rondeau, Sonnet ou Chanson ; ces formes différentes lui offriront des ressources particulières, mais le maintiendront dans des règles spéciales ; ainsi de l'artiste qui choisira la couleur, le marbre, le métal ou toute autre matière adéquate à la vision qu'il veut évoquer.....

« Je connais de Barye, un simple anneau de bronze qu'une femme porta en bracelet et qu'il avait modelé pour elle, la forme seule en était une merveille, épousant le modelé du bras, et pourtant le grand artiste ne sculpta sur ce bracelet aucun ornement, aucune figure... »

Opinion de M. CARABIN

Ce modeste artisan de nos antiques corporations dont chacun pleure la disparition, je me le représente volontiers sous les traits du maître huchier François-Rupert Carabin. Tout heureux du mouvement d'idées que semble présager mon enquête, il se met à ma disposition avec joie et répond aux questions :

Certainement, il y a moyen de faire du nouveau, si les artistes le veulent.

« Mais à présent, qu'est-ce qu'on entend par un artiste communément ? A vous de le définir ; pour moi, je ne partage pas sans doute l'opinion générale, et tous mes griefs contre l'art mobilier de cette époque tiennent en deux mots :

« Autrefois les artisans étaient des artistes complets ; les artistes d'aujourd'hui ne sont plus des artisans. Quand Holbein peignait un tableau, il avait préparé lui-même son fond, il avait sans doute raboté la planche et broyé les couleurs ; allez donc demander à M. Béraud de peindre un panneau de voiture, mais Watteau en faisait. Les artistes aujourd'hui sont de méchants artisans en tableaux inutiles et en sculptures sans but. Ils ont négligé la matière, et ils croiraient déroger s'ils s'en occupaient. Et cette classification monstrueuse s'est établie entre les différents ouvriers d'art, ceux de l'art pur (!) et ceux de l'art décoratif (!) Classification adoptée encore dans le public, qui place — pourquoi ? je vous le demande ? — ceux qui travaillent sur du bois ou de la pierre au-dessous de ceux qui travaillent sur de la toile apprêtée. Cette infériorité a fait délaisser le meuble, le vase, etc., par un grand nombre de gens bien doués, et maintenant, dans l'impossibilité de trouver des modèles intéressants et nouveaux, on se contente de recopier les anciens, ou bien, si quelque artisan trouve quelque chose, les marchands écartent de parti pris ce quelque chose du marché, de peur que cet objet nouveau ne fasse prime et ne les oblige ou à changer leur manière ou à s'adresser toujours au même producteur.

« Les commerçants du faubourg, quand ils parlent de mes meubles, disent : « Pourquoi M. Carabin ne met-t-il pas des moulures ? » Et ils n'en veulent pas.

« Il faut donc que les artistes aient le courage de continuer tout seuls, devant l'ignorance et la mauvaise volonté générales.

« Je dois dire que les architectes sont de grands coupables. Ils n'ont pas d'initiative en art ; ils ne comprennent même pas le leur. Cependant ils dirigent le goût public. Les personnes riches n'achètent pas un buffet sans consulter leur architecte. L'architecte incapable de rien inventer a construit une maison bizarre où une pièce Louis XV succède à une pièce Moyen Age ; il ne voit la possibilité dans de tels appartements que des meubles Louis XV ou Moyen Age ; et l'erreur archéologique s'éternise. On n'est plus chez soi, on est dans un musée, ou plutôt dans un magasin de bric à brac.

« L'enseignement est mauvais, si mauvais, qu'en le réformant de fond en comble, il faudrait encore trente ans au moins pour modifier le mauvais pli pris. Il faudrait qu'il soit professionnel, j'entends qu'il faudrait apprendre aux ouvriers des meubles le dessin et le modelage, spécialement en vue du meuble, sans détourner leur attention au profit de connaissances dont ils n'ont que faire.

« Sollicité de faire un cours à l'école Boulle, j'ai demandé communication du programme. Ne voulant suivre en rien ce programme absurde, je n'ai pas fait le cours. Des écoles professionnelles, comme l'école Boulle, font beaucoup de mal. Les élèves n'apprennent pas leur métier. Ils apprennent la géométrie, mais quand ils passent de la théorie à la pratique, on leur donne comme modèles des meubles des grandes maisons du Faubourg, de la maison Soubrié en particulier. Quand ils sortent de là au bout de deux ou trois ans, ils sont justes imbus de toutes les routines ; ils savent copier très rapidement une feuille d'acanthe, ils ne pensent pas qu'il soit possible de sortir des styles qu'on leur a rabâchés. Les fabricants, qui malheureusement ont voix prépondérante à l'école Boulle, croient sans doute cela très bien. Les ouvriers qui sortiront de l'école professionnelle auront juste ce qu'il faut d'habileté superficielle pour les décorations courantes des meubles « de style » du Faubourg. Cette école ne peut satisfaire que l'avarice des fabricants.

« J'aurais voulu conserver les apprentis, non pas trois ans, mais cinq ans ; les garder de toutes imitations. Enlever de leur vue tout moulage en plâtre, tout modèle ancien. Leur donner à copier en modelage des morceaux de nature, plantes, animaux, étoffes drapées, figures humaines, mouler ces copies, et leur apprendre la pratique du bois en leur donnant à sculpter leurs propres modèles. De temps en temps, leur proposer l'embellissement de décoration d'un objet simple, coffret, banc, siège, avec les éléments naturels dont ils disposent.

« Au bout de cinq ans d'un apprentissage, qui suivrait un programme progressif, ainsi compris, nous aurions, non pas des artisans de talent, mais des hommes élevés pour le devenir. »

Et saisissant le maillet et la gouge un instant abandonnés, M. Carabin se remet au travail, à la vitrine destinée au musée Galliéra dont les fragments épars promettent un ensemble des plus intéressants.

Lettre de M. DE TOULOUSE-LAUTREC

Je crois qu'il n'y a qu'à regarder William Morris, pour avoir une réponse à toutes vos questions — malgré le préraphaélisme et les réminiscences nombreuses — cet homme a produit des livres qu'on peut lire et des objets dont on peut se servir.

« On pourrait résumer le *desideratum* suivant : Moins d'artistes et plus de *bons ouvriers*. Plus de métier en un mot.

« Quant aux affiches, Chéret a supprimé le noir, c'est admirable. Nous l'avons réintégré, ça n'est pas trop mal. Pensez ce que vous voudrez.

« Quant au public, il aurait le droit de formuler des critiques (quitte à n'en tenir aucun compte) s'il payait. Or, comme il ne paie pas..... »

J.-F. RAFFAELLI

M. J.-F. Raffaëlli pense que la décadence de nos arts *domestiques* tient à des causes sociales : les conditions ont disparu dans lesquelles sont nés les magnifiques styles du passé ; et il est difficile de déterminer les circonstances les plus favorables à l'éclosion d'une efflorescence nouvelle ; pourtant, cette rénovation est nécessaire et appelée de tous nos vœux :

Autour de toutes les questions que vous me soumettez, je vois la préoccupation dans laquelle vous êtes de la création d'un nouveau style. Nous sommes déjà un certain nombre dans divers pays à y penser. Cependant, vous le dirai-je ? Ce n'est pas sans sourire que je réfléchis à ces préoccupations : en effet, on ne crée pas un style comme on construit une maison, et il convient bien de vous le dire : un style c'est l'effort de tout un peuple.

« Par exemple si nous nous remémorons en quelques mots la naissance de ce merveilleux style Louis XV, notre style le plus moderne, nous verrons que pour qu'il naquit il fallut les goûts sensuels d'un Louis XV, d'une femme très artiste, la Pompadour, et d'une noblesse courtisane pour qu'une direction fût donnée et que tout un peuple s'employât à parfaire ce style. Alors sous ce mot d'ordre : *merveilleux hommage à la femme*, survint cette belle floraison de palais et de maisons charmants, de meubles aux délicates silhouettes, de bijoux rares, d'étoffes aux dessins amoureux, exquises de couleurs et par dessus tout cela, l'art de Watteau, de Boucher, les livres aux gravures des Moreau, des Eisen, des Saint-Aubin, merveilleusement reliés, les sculptures de Bouchardon, Pajou, Pigalle et les ouvrages de l'abbé Prévost, de Marivaux, Diderot et Choderlos de Laclos.

« Il y eut donc là une direction hautaine et l'effort de tout un peuple dont je vous parlais tout à l'heure.

« Eh bien ? autour de nous, où pouvons-nous trouver cette direction ? les trônes sont endommagés, les noblesses appauvries. Chez nous, en France, il convient de le constater, nous sommes en complète anarchie et ce n'est pas dans un Etat anarchique qu'un peuple peut avoir ce mouvement d'ensemble nécessaire à la création d'un style. En Allemagne, le régime est militaire. En Angleterre, pays très vivace et très hardi, on en est à un industrialisme féroce : les maisons, les meubles, les objets usuels, tout cela y a l'air imaginé par des ingénieurs et exécuté par des machines. Certes, il y a chez nos voisins, comme chez nous et en Allemagne, des individus qui tâchent de faire naître un mouvement. Mais que peuvent-ils seuls, livrés à leurs propres ressources et n'offrant plus le spectacle que d'un homme luttant pour sa propre fortune ? Ce sont là et ce seront encore pendant de longues années, je le crains, des efforts stériles ; car j'en reviens toujours à ma première proposition : il fallut des empereurs, des papes, des rois et des noblesses pour créer un goût, un idéal, car un style c'est aussi l'idéal d'un temps ; idéal que devaient épouser et faire triompher par leur travail les milliers d'artisans qui s'employaient à donner corps à ces hautains désirs.

« Et puis, chez nous, nous avons un terrible boulet attaché à la patte, ce sont ces magnifiques styles qui se sont si rapidement succédé chez nous. Je veux dire, en en passant quelques-uns, le style Louis XIII, Louis XIV et Louis XV, et toutes les fois que l'un de nous présentera, encore pendant longtemps, quelque beau meuble de salle à manger ou de chambre à coucher, on lui répondra avec petits airs entendus : « Vous semblez oublier qu'il existe un style Louis XIII pour les salles à manger, et un style Louis XV pour les chambres à coucher. » Le premier soin, du reste, d'un parvenu qui se meuble est de commander à son tapissier une reproduction exacte du lit de Marie-Antoinette.

« Il en est de même chez nos voisins les Anglais, pour d'autres raisons ; la direction donnée au goût par la famille royale me semble peu indiquée, quoique la personne du prince de Galles soit toujours représentée portant sur le dos le plus nouveau costume de chasse, sur la tête le dernier genre de la casquette de voyage et sur les épaules la dernière mode des bretelles. Quant à l'esprit du peuple anglais entièrement ingénieux et clairvoyant à froid, il s'emploie bien plus à trouver les moyens d'une production rapide qu'à apporter ses soins de cœur et de main à la perfection manuelle de quelque objet.

« Si vous voulez, nous conclurons qu'un seul peuple, à mon avis, se trouve désormais dans les conditions de créer un style répondant à nos désirs d'un confortable délicat et discret, sans gros luxe, et ce peuple, c'est le peuple américain.

« Ce peuple américain, tant décrié encore chez nous, a le don de me passionner. J'estime que les natures les plus entreprenantes, les plus hardies, les plus vivaces, les plus géniales enfin, ont quitté depuis un siècle notre vieille Europe pour aller là-bas planter un drapeau composé de toutes nos couleurs. Ils n'ont pas, là-bas, ces attaches qui nous lient à notre passé si plein de merveilleux souvenirs ; ils n'ont pas, il est vrai, cette direction qui fut nécessaire, comme nous le voyions tout à l'heure, à la création des styles du passé, mais il existe, si j'en crois les opinions générales manifestées dans leurs journaux, comme un mouvement d'ensemble dans ce pays qui pourra peut-être, en se passant de ces hautes directions, n'en pas moins prêter à l'éclosion d'un grand mouvement d'art domestique.

« Alors nous verrions naître un style émanant directement cette fois d'un idéal populaire, et j'entends là, par ce mot populaire, d'un idéal prenant naissance parmi les meilleurs de nous.

« Certes, il y a eu là-bas, à la première formation des grandes fortunes du Nouveau-Monde un mouvement vers le gros luxe, mais si je m'en réfère aux goûts qui se manifestent par les achats faits dans notre pays par les Américains d'aujourd'hui, il convient désormais d'avoir chez nous une toute autre idée de leur goût ; en effet, ce sont aujourd'hui les plus beaux tableaux, les plus belles tapisseries, les plus beaux livres, les plus beaux meubles, qui prennent chez nous le chemin de l'Amérique.

« Je suis certain qu'ils auront bientôt, là-bas, je le répète, l'imagination d'un style dans lequel peut-être se fondront les idées du beau de tous les arts du passé, dans cette idée qui présidera à la formation de ce style : la liberté dans la simplicité et l'ordre.

Lettre de JEAN BAFFIER

J'arrive de la Basse-Bourgogne, où j'ai visité quelques monuments, spécimens admirables de grand art, entre autres Saint-Germain d'Auxerre, Saint-Père et Vézelay et je vous avoue en toute sincérité que je suis quelque peu meurtri par mes impressions, car je me suis pris moi-même en pitié, en contemplant ces œuvres grandioses, témoignages sublimes du génie de nos grands maîtres constructeurs et tailleurs d'images du Moyen Age.

« J'ai médité et réfléchi longuement sur le sommet de la montagne où est bâtie la cathédrale de Vézelay et comme vous, j'ai songé aux causes qui font la grandeur et la décadence des arts. Ma conviction est de plus en plus profonde que l'art n'est qu'une résultante, une conséquence, si vous aimez mieux, de l'état d'âme d'un peuple et naturellement il n'est pas possible de séparer l'art de l'ordre social dans lequel il se développe.

« Voulez-vous un exemple ou deux entre mille. Prenez un monument moderne, une maison d'école inférieure ou supérieure. C'est plat, sec et froid. C'est la résultante de l'enseignement que l'on pratique dans l'édifice.

« Ne trouvez-vous pas que les statues et monuments modernes qu'on voit dans nos salons ou sur nos places publiques, malgré leurs grandes prétentions, ont un petit air bête : c'est la conséquence de l'état d'esprit de nos générations scientifico-politiqueuses ; car, à l'heure actuelle, il n'y a pas en France un maître d'école qui ne se croit supérieur au plus grand penseur des temps passés et le dernier gamin pourvu d'un certificat d'études primaires se croit au moins aussi fort que Napoléon. Le progrès, monsieur !

« Je crois bien que les efforts des quelques individualités qui ont essayé et essayent de retourner aux traditions rationnelles de notre pays et de notre race n'aboutiront pas, car je crains que notre décadence actuelle (je souhaite me tromper) soit plus qu'une décadence partielle.

« Comment voulez-vous qu'on édifie quoi que ce soit, tout notre système social est basé sur des principes de décomposition, car c'est par la désagrégation de toute croyance, de tout idéal, que les pouvoirs publics se recrutent, et, bien que des effets du hasard conduisent à des postes supérieurs certains hommes de haute intelligence et de réelle valeur, ils ne peuvent rien tenter de noble, car le public, le suffrage universel, si vous aimez mieux, qui est la force, est avec les sophistes, c'est-à-dire avec ceux qui, incapables de créer, se font destructeurs ou pasticheurs.

« Et puis, que voulez-vous que je vous dise, ce serait vous faire trop de copie. Pour nous, les mal venus, comme nous appellent à juste titre les écolâtres, nous n'avons qu'un parti à prendre, c'est de nous humilier et de faire vœu de pauvreté, pour tenir haut notre idéal, surveiller notre foi et nous préparer à finir le mieux possible avec la constance dans nos idées et l'estime de notre conscience.

Les opinions que M. Jean Baffier exprime ici brièvement, mais non sans éloquence, ont été plus longuement développées dans une brochure de polémique destinée à combattre l'idée du Musée du Soir de G. Geffroy. C'est un réquisitoire passionné contre les musées qu'il compare soit à l'hôtel des Invalides, soit à des nécropoles, etc.

On peut ne pas partager toujours la manière de voir de Baffier, on aime cependant sa vaillance et on ne doute jamais de sa bonne foi. — Les marges d'un carnet d'ouvrier — doivent être signalées parmi les livres qu'il faut lire.

FÉLIX RÉGAMEY

L'écueil qu'il est bien difficile d'éviter, en répondant à vos questions, c'est le lieu commun.

« Quand on aura dit que le style est une conséquence des conditions sociales du milieu où il se produit, on n'aura pas dit grand chose de neuf, c'est cependant de ce côté qu'il faudrait diriger ses recherches d'abord, et alors la question se poserait ainsi :

« L'époque actuelle est-elle favorable à l'éclosion d'un style ?

« Non, si l'on considère le peu de connaissances de ceux que l'argent a rendus maîtres de la production et leurs préoccupations uniquement mercantiles. Oui, si l'on tient compte de la possibilité qu'auraient les gens d'esprit large et de haute compétence d'associer leurs efforts.

« Ils n'auraient qu'à vouloir... Sous ce rapport, l'exemple nous est fourni par l'Angleterre qui, grâce à l'effort passionné et soutenu d'un groupe d'hommes éminents dans toutes les branches de l'art, marche aujourd'hui à la tête du mouvement.

« Certes, certains envois de l'Exposition du Champ-de-

Mars ont révélé de véritables talents, d'admirables chercheurs qui ont fait parler le bois, l'ivoire, le métal, le verre.

« Et n'aurait-elle servi qu'à montrer cela au public, la
Société Nationale aurait prouvé son droit à l'existence. »

.   .   .   .

Lettre de M. ZILCKEN

La Haye.

Votre enquête me paraît des plus intéressantes.

« Je m'empresse de répondre à vos questions, un peu en général, et spécialement à l'égard de la Hollande. Je crois que cela sera de quelque intérêt.

« Si vous voulez me faire le plaisir d'autres questions, plus spéciales, je suis bien entièrement à votre disposition.

« La Hollande peut compter. Ayant produit autrefois d'admirables choses, et recommençant aujourd'hui à chercher une voie nouvelle, depuis quelque cinq ans.

« La tendance chez certains artistes, tant au Champ-de-Mars que chez nous est entièrement remarquable. Ici, signalons Derkinderen avec ses peintures vraiment décoratives à l'hôtel de ville de Bois-le-Duc, et ses vitraux d'Utrecht; avant lui, Colenbrander avec ses admirables et si personnels dessins pour faïences et tapis, et peut-être un jour ou l'autre Thorn-Prikker et quelques sculpteurs et dessinateurs d'une grande délicatesse qui amèneront bien certainement avec d'autres encore une amélioration très grande des industries d'art en Hollande.

« Je n'ose dire que c'est un symptôme d'une *renaissance*. Sans conteste, c'est un progrès immense, et si même ces tentatives n'amènent pas un *style nouveau*, elles contribueront à élever le niveau des industries d'art.

« L'art en général est trop intimement lié à une race pour qu'un vrai style nouveau puisse naître de sitôt.

« Les communications faciles, la rapidité des échanges amèneront à la longue une fusion de styles, et lorsque les peuples, inévitablement se seront intimement fusionnés, un style nouveau pourra naître, mais alors seulement. Et ce style-là, je le crois destiné à être très simple, très pratique, et d'une grande distinction par sa simplicité même.

« Aujourd'hui, le contraire arrive : chaque pays emprunte des objets ou des formes à ses ancêtres ou à ses voisins, et cela produit ce que les Goncourt ont si bien nommé « une julienne ».

« De vrai style nouveau, je n'en vois poindre nulle part. Je ne vois que des inspirations précises ou vagues de peuples étrangers ou d'époques disparues, mais du vraiment *nouveau*... je ne vois cela que dans les machines. De la part d'un artiste, cela peut sembler étrange, mais, pour moi, dans les machines, les vaisseaux modernes, perfectionnés au possible, je vois une concentration de forces amenée par une simplicité suprême de détails, et cette concentration même, produit de lignes réduites, synthétiques, qui donnent des formes nouvelles, non sans style, et parfois très pures.

« En général donc, il n'existe pas de style nouveau, et une des conditions pour qu'il puisse se manifester est d'abord de restreindre ou de beaucoup perfectionner l'enseignement artistique. Je crois que l'enseignement trop répandu superficiellement empêche toute éclosion personnelle. Jamais on n'a tant appris — jamais on n'a moins créé, plus pastiché !

« Ensuite, il faudrait chez les consommateurs la notion du beau et du laid. Et cela est inné et rare. Evidemment que le producteur pourrait et devrait influencer le goût public, mais c'est ce qui n'arrive jamais ou presque jamais. Sans conteste, cela serait un grand moyen de développer le goût. Et joints à un effort de ce genre, des cours explicatifs, bien compris, donnés par des gens artistes, en même temps qu'érudits, contribueraient grandement à élever l'étiage du goût public.

En montrant et expliquant le beau et le laid, en faisant comprendre le pourquoi des choses, en stigmatisant les hideux produits modernes, à la longue cela devrait amener des résultats. « Avec le temps et la patience la feuille de mûrier devient satin. »

« Il n'y a que les vrais artistes qui peuvent donner le ton et guider tout cela, et le plus souvent c'est le contraire qui arrive. »

Chez **HENRI RIVIÈRE**

M. Rivière est pessimiste, il n'a pas beaucoup de confiance dans un mouvement auquel il contribue, mais il est de ceux qui prouvent le mouvement en marchant. J'ai vu ses décors du Théâtre-Libre, j'ai vu maints travaux de lui, au moins estimables. L'éloge de ses estampes en couleurs n'est plus à faire — (surtout les Souvenirs de Bretagne). — Voici quelques-unes des déclarations que j'ai recueillies de lui dans cette récente visite :

L e Salon du Champ-de-Mars et celui de la Libre-Esthétique ont rendu un grand service en permettant de se montrer à des hommes jusque-là tenus à l'écart contre toute justice et contre tout bon sens.

« Une belle table est tout aussi intéressante qu'une statue ou un tableau, et j'entends une table toute nue, mais heureuse de proportions, tirant sa qualité, non d'une ornementation ajoutée, mais de son exécution simple et soignée... Un très bon menuisier est un artiste, c'est évident !

« — Maintenant, la tendance actuelle est-elle durable, féconde ou bien est-ce un engouement passager sur des caprices momentanés, de peintre et de sculpteur ?...

« — C'est assez difficile à résoudre cette question, car la crise actuelle tient à des causes sociales ; aussi j'ai des doutes sur le résultat, puisqu'il n'est pas en notre pouvoir de modifier l'état économique et social. La production mécanique est un mal horrible : mais nous n'y pouvons rien.

« — N'y a-t-il pas lieu d'accepter ce mal inévitable et de chercher à l'atténuer en fournissant à l'industrie des modèles plus artistiques ?

« — Oui ! c'est vrai. Il faut bien accepter ce que les machines exécutent... l'accepter faute de mieux. On vit si vite, à notre époque, si nerveusement, et avec de si vilaines préoccupations matérielles, qu'on n'a plus le temps de faire... des œuvres calmes comme autrefois, des œuvres manuelles, longuement et amoureusement étudiées !... Et alors, il est bon que les artistes les dirigent, ces machines...

« — Mais on se heurte à de tels obstacles de mauvais goût, de mauvais vouloir, de sottises et de routines !... Tout est à faire !... Voyons un peu ! Ne serait-il pas intéressant, puisque tout le monde ne peut pas tendre son logement d'étoffes agréables ou l'orner de peintures, de remplacer les infâmes papiers peints actuels par de grandes lithographies sobrement et intelligemment teintées ? N'y aurait-il pas là un moyen, non seulement d'égayer la vue dans les intérieurs, mais encore d'éduquer l'œil des enfants en introduisant ces grandes affiches murales dans les écoles, au lieu des misérables tableaux qu'on y voit aujourd'hui ? D'une façon générale, il est bien clair que l'exécution, dans les mêmes conditions industrielles, coûte le même prix pour un modèle laid et pour un modèle meilleur. Et ce qui est vrai pour l'impression et le décor du papier est également vrai dans toutes les industries.

« Sans doute le commerçant va dire : « Oui, je veux bien prendre le meilleur projet, mais s'il est approuvé par les artistes, ce n'est pas une raison pour qu'il plaise au public. » Je comprends bien la valeur de cette objection. Le public, en général, est idiot. Si vous lui montrez un vase en bronze, très camelote, à côté d'un flambé japonais simple mais beau, son choix s'arrêtera sûrement sur le vase de camelote, parce que, dans son ignorance complète de la beauté, il confond l'élégant et le compliqué — (l'objet d'art compliqué est une erreur très répandue en France) ; — enfin parce que, entre un ustensile beau et un laid, il choisit toujours le laid.

« Que faire alors ? Il ne faut plus lui montrer de laideurs, il faut ne lui laisser de choix qu'entre les choses artistiques ; lui faire violence, tout d'abord, et contrarier son goût ; je dis son goût... non ! il n'en a pas... Enfin ! il faut lui montrer souvent des œuvres vraiment bien, à notre goût à nous, rien que celles-là, si c'est possible, et puis lui fourrer dans la tête que c'est très bien ! et il finira par le croire et le prêcher à son tour, puisque, encore une fois, il répète tout bêtement ce qu'il entend, et n'a jamais d'idées.

Opinion de GEORGES AURIOL

On a beaucoup répété, ces temps-ci, qu'il était aussi honorable pour un artiste de faire un meuble, de modeler un vase ou d'établir un modèle de tapisserie que de perpétrer un tableau.

« Là-dessus, bon nombre de peintres et sculpteurs se sont mis à l'œuvre et des douzaines de pichets ont soudainement été escaladés par des femmes aux croupes rebondies. Le même sort a été subi par une quantité d'amphores et autres récipients.

« Précédemment certains peintres s'étaient subitement voués au mysticisme, pensant qu'il y avait peut-être quelque chose à faire de ce côté-là.

« Ces Messieurs oubliaient que, s'il n'est pas nécessaire d'être dans une disposition d'esprit spéciale pour peindre une dame qui ôte son loup ou reboutonne ses bottines — il faut pour faire un tableau religieux être un croyant.

« Il faut être aussi un croyant, pour faire œuvre de décorateur. Il faut admirer la nature de toutes ses forces, l'étudier sans cesse, et recueillir un à un, comme des trésors, les admirables conseils dont elle est si prodigue.

« Il faut aussi aimer son métier passionnément. Il faut

aimer les matières et les connaître à fond, savoir pourquoi elles sont belles et ne pas s'attarder à les vouloir modifier.

« L'étain par exemple est une admirable matière ; mais combien y a-t-il de gens qui sachent que l'étain n'est beau que mat. Nous voyons des néophytes qui fourbissent l'étain comme des casques et d'autres qui cherchent à l'iriser. Si votre étain ressemble à de la nacre, ou à du ruoltz, ce n'est plus de l'étain. Vous employez donc cette matière sans savoir ce qu'elle vaut, simplement parce que vous en entendez dire du bien dans les salons.

« C'est du reste une maladie très française, qui consiste à *bien imiter* une chose. Les tapisseries de la Manufacture nationale des Gobelins *imitent* si parfaitement la peinture, qu'à trois pas il est impossible de ne pas s'y tromper. Le rêve de tout bon Français est de rendre, à l'aide d'un procédé quelconque, ce qui ne peut être ordinairement rendu que par un autre. Il fait des gravures qui donnent l'illusion de la céramique, des vitraux qui ressemblent à des fresques, etc., etc.

« Certains dilettantes trouvent également qu'il serait bon de confier aux artistes des travaux en dehors de leur tempérament. On obtiendrait ainsi, prétendent-ils, des choses curieuses.

« Grasset illustrerait Manon Lescaut, et Villette le roman du Renard, Puvis de Chavannes peindrait une charge de Reischoffen, tandis qu'on continuerait à l'ignorer aux Gobelins, ainsi que Renoir dont certains tableaux sont d'admirables modèles de tapisseries. . . . .

. . . .

« C'est un tort de s'imaginer qu'on peut créer une forme de vase ou concevoir un arrangement de meuble tous les matins en prenant son chocolat.

« Depuis six mille ans, on a trouvé une dizaine de jolies formes. Lorsqu'on les altère, en les encombrant de figures saillantes, on ne fait pas œuvre d'artiste.

« Et de plus, on rend un mauvais service à ses contemporains en confectionnant ornés d'anses insaisissables des pots qui ne versent pas.

« Les artisans d'autrefois aimaient leur métier, comme les gens d'aujourd'hui aiment la bicyclette. — Voilà pourquoi c'étaient des artistes.

« Il y a en France un tout petit groupe d'artistes comprenant l'*art des objets*.

« Mais il est probable qu'il ne triomphera pas du mauvais goût national, — et j'ai bien peur qu'on ne refasse jamais de fer forgé, ni de tapisserie dans le pays qui a vu naître le bazar de l'Hôtel-de-Ville.

« Ici on n'aime que la camelote. Personne n'a l'amour des choses robustes, simples et bien équilibrées.

« Les choses laides ne gênent personne. Jetez un objet laid parmi mille objets de goût, on le dénichera immédiatement.

« On vous rira au nez, si vous prétendez qu'il n'en coûte pas plus de faire les choses proprement. — Pourquoi ? vous dira-t-on, c'est assez bon comme cela.

« ... Si je fais un vase et que je le donne à mon ami,
mon ami le mettra sur son étagère. Mais je le lui donne
pour qu'il s'en serve et pour qu'il le casse au besoin...

« On ne fera jamais entendre au peuple, le plus spirituel
de la Terre, que le moindre ustensile de cuisine doit être
autant que possible — élégant.

« Les rentiers taillent leurs arbres en pains de sucre ; si
leurs géraniums s'écartent du droit chemin, ils sont rap-
pelés à l'ordre par le buis, ce sergent de ville des jardins—
et jamais ils n'admettront qu'un chardon soit plus beau
qu'un fuschia.

« En un mot, ils ne veulent rien savoir, et pour les modifier, il ne faut compter que sur un miracle.

« Mais, dira-t-on, les peuples voisins sont donc bien
artistes ?

« Les Anglais ont beaucoup plus de goût que nous. —
Nous possédons beaucoup plus de grands sculpteurs et de
grands peintres que nos voisins. Mais si un mouvement
devait se produire, il se produirait beaucoup plus facilement
en Belgique, en Hollande, en Allemagne, qu'en France ;
car dans ce pays-là, on respecte encore certaines traditions
d'art.

« De même qu'on commande aux fidèles d'ôter leur chapeau en entrant à l'église, — sans leur donner aucune explication, il faut dire aux masses : ceci est beau, respectez-le.

« A force de respecter le Beau, on arrivera à le comprendre et à l'aimer. »

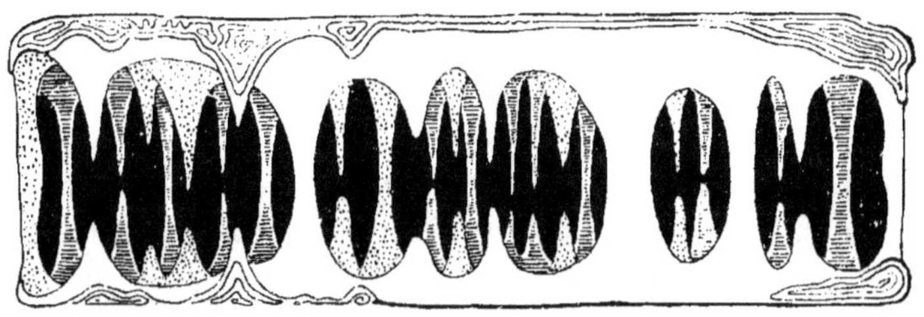

Lettre de **PAUL GAUGUIN**

Quand on pense au petit nombre d'œuvres originales qui restent viables au bout d'une période de cinquante ans, il est facile de se rendre compte qu'une école et qu'un style nouveau ne s'affirment que par une sélection froidement faite après mûres réflexions.

« Ne cherchez pas la solution de votre problème dans la rue, près des monuments publics, dans les boutiques des marchands. Chez l'amateur seulement vous verrez ce qui a été fait. Et pour cela, nul besoin d'un grand nombre, du reste les chefs-d'œuvre ne se remuent pas à la pelle.

« Si je vous connaissais mieux, je vous présenterais mon voisin. J'ai vu chez lui des meubles très modernes et beaux, des tapisseries qui n'ont pas le fini des Gobelins, il est vrai, mais très originales qu'on ne saurait taxer d'imitation de peinture. Dans un coin, des grès cérames dont la forme est purement fantaisiste n'empruntant rien aux Japonais ni aux

Grecs. J'allais oublier plusieurs statuettes en bois, amusantes au possible, mais purement imaginatives.

Comme je demandais à mon voisin l'adresse de son marchand, il me répondit en souriant presque avec orgueil : « Je fais tout cela moi-même, je n'achète que la peinture, mais si bon marché quand personne n'en veut. » Je vis en effet sur les murs des Manet, des Degas, plusieurs Sézanne et des jeunes inconnus.

« Au moment de me retirer, mon voisin me fit asseoir pour me dire : « Je ne suis pas seul ainsi. Les jeunes gens maintenant s'y mettent et ils vont bon train. Les parents les maudissent, les artistes connus haussent les épaules, bien des portes leur sont fermées ; qu'importe ! Ils aiment l'art, cela leur suffit. »

« Je viens de relire un numéro du *Mercure de France* dans lequel vous avez pu lire comme moi un admirable article d'Albert Aurier sur le mouvement moderne, l'appelant une Renaissance.

« Et Aurier ne parlait pas de la copie de ce mouvement, copie devenue obligatoire au Champ-de-Mars, non, il parlait... d'artistes conspués et tenus à l'écart. Il expliquait leur art et son influence grandissante.

« Manet et Degas n'ont-ils pas, dans une vingtaine d'années, eu leur influence tout comme Donatello et autres dans un autre temps ?

« Je crois donc, monsieur, qu'en peinture, en littérature,

en sculpture, en art décoratif et industriel, il y a un style nouveau. Le public peut avoir mauvais goût, n'importe. Tout se classe.

« Un jour est proche où tout naturellement, par le simple bon sens, la sélection se fera, les haines de parti seront terminées et je crois que ce jour, l'œuvre de mon voisin, avec l'aide des jeunes maudits, aura fait son chemin.

« La nouvelle renaissance existera jusqu'au moment où, à son apogée, l'Etat viendra s'en emparer, alors tout dégringolera.

« D'autres recommenceront.

« Je termine cette lettre avec une phrase d'Eugène Delacroix.

— « *Les lois du beau sont à l'infini et demeurent éternelles, les gens de génie n'ont pas besoin qu'on les leur apprenne.* »

Lettre de M. MONTESQUIOU-FEZENSAC

Quelques mots de réponse à la question que vous m'adressez.

« Il y a deux façons de se meubler : accepter les meubles qui sont des souvenirs de famille et se contenter du mélange de toutes les époques qu'ils juxtaposent forcément et dans l'homogénéité de tous les styles successifs, unis et fondus par la transmission et par l'usage. C'est la façon normale et naturelle.

« L'autre est toute de fantaisie ; à commencer par d'entières reconstitutions d'intérieurs dans le style d'une seule époque, puisqu'il est bien certain qu'un appartement du temps de Louis XIV, par exemple, devrait être principalement orné de meubles Louis XIII. Un intérieur décoré d'une façon s'il se peut nouvelle par Morris ou par Tiffany — (dont les vitraux exposés ce printemps au Champ-de-Mars et pour l'heure chez M. Bing, constituent une des plus saisissantes nouveautés du mobilier contemporain) — ne sera donc pas plus fantaisiste que ces sortes de reconstitutions fort à la mode ces dernières années, et dont on semble se dégoûter depuis qu'elles ont envahi de leurs tarabiscots poncifs jusqu'aux salons de la Tour Eiffel.

« Ce n'est sans doute pas par la forme — variée jusqu'à l'épuisement — que brilleront les meubles d'un *nouveau style ;* la forme, qui pour citer ses dernières *incarnations,* dirons-nous, amplement pompeuse sous Louis XIV, capricante jusqu'à la convulsion dans le rocaille, maigrement distinguée sous Louis XVI, a fini rigidement frigide sous l'Empire, avec le *retour d'Egypte,* ou mythologiquement maniérée avec les oiseaux des *dormeuses* de Pauline Borghèse. Les éléments d'innovation dans le meuble seraient *la couleur,* doucement dosée, — et surtout quelque chose de symbolique et de pensif, de par le décor variant et commentant un texte, une idée. —

« J'ai tenté moi-même d'en réaliser quelque chose dans les meubles que j'ai composés et exposés à la Société des Beaux-Arts, en collaboration avec M. Gallé.

« Ce qu'on peut affirmer, c'est que le *quære mulierem,* l'*éternel féminin* sera la loi du nouveau style, comme il le fut des précédents, et que la Femme moderne, qui a su se créer des ajustements nouveaux, devra, dans l'avenir, être évoquée par l'aspect des meubles nouveaux que d'ingénieux artistes lui auront appropriés ; tout comme l'image d'une Médicis ressort encore pour nous de son miroir gemmé, la fringance d'une Pompadour de sa chaise longue rococo, et le gracieux allongement d'une Récamier de sa méridienne à cols de cygnes. »

Lettre de **FRANTZ JOURDAIN**

Elle est **très intéressante** votre enquête sur les industries d'Art, mais, bon Dieu ! qu'il est donc difficile de répondre aux questions posées par vous !

« Vous demandez si nous avons un style nouveau ? Hum !... Mon illustre homonyme faisant de la prose sans le savoir, nous pourrions bien avoir créé un style sans nous en apercevoir. Car enfin, vous savez, l'affirmation du Monsieur qui annoncerait aux populations éblouies qu'il vient de trouver le style Casimir-Périer, comme ça, en cinq secs, en dégustant son chocolat, le matin, ou en enfilant sa chemise de nuit, le soir, me semblerait terriblement sujette à caution. Sans remonter à l'âge de pierre, Mansard, Blondel, Antoine, Percier étaient persuadés qu'ils copiaient avec une scrupuleuse exactitude l'architecture romaine ;

or, grâce au recul du temps, nous discernons facilement les caratéristiques distinctes du Louis XIV, du Louis XV, du Louis XVI et de l'Empire. Les manifestations artistiques les moins personnelles, les pastiches les plus incolores, conservent inconsciemment l'allure de l'époque pendant laquelle ils ont été conçus ; ainsi personne ne prendra au sérieux le Gothique de ce bon Louis-Philippe dont la bedaine crève le pourpoint de chien-lit, et dont le toupet en poire passe sous la toque à plumes.

« Peut-être en est-il de même pour nous, peut-être nous trouvons-nous trop près de la scène pour juger l'effet du décor, peut-être notre déplorable manie d'empailler des cadavres et de gratter la cendre des tombeaux possède-t-elle une originalité propre qui nous distinguera des autres générations, peut-être l'éclectisme, le manque de style précis constitue-t-il justement le style de la dernière moitié du xixᵉ siècle ? En tout cas, si nous en possédons un, il faut reconnaître qu'il manque de netteté, de vaillance, de carrure, de personnalité et trop souvent hélas ! de goût.

« Toutes les nations sont atteintes d'ailleurs de la fâcheuse anémie de la France, à de bien légères différences près. Partout la néfaste influence du classique fait des siennes, partout l'épidémie sévit, en Belgique comme en Allemagne, en France comme en Russie, et l'Amérique, cet heureux pays, qui avait l'inestimable bonheur d'être dépourvu de passé, a tenu à prouver à l'Europe ahurie sa haute culture artistique, en construisant l'Exposition de Chicago suivant les formules académiques.

« Il est incontestable que la section des Objets d'Art, au Champ-de-Mars, a produit des résultats importants et que les velléités de révolte — velléités fort timides malheureusement — des industries d'Art sont dues à l'influence et aux efforts de quelques artistes d'élite qui ont donné l'élan. Nous sommes à la veille d'une résurrection, d'une modification sensible dans nos tendances ; mais cette veille-là, je le crains, durera encore longtemps.

« Les Architectes qui logiquement auraient dû se mettre à la tête de cette généreuse insurrection, puisque l'Architecture est étroitement liée à l'art du décor et que leur rôle est de comprendre et de rendre les nécessités économiques, les besoins de l'existence, les exigences d'une civilisation, les architectes — qui regrettent le coche de Saint-Germain — se désintéressent de tentatives, sur lesquelles ils n'ont pas d'ailleurs les moindres notions. Les peintres et les sculpteurs, moins dédaigneux mais plus jaloux, commencent à montrer les dents aux camarades dont le succès inattendu les exaspère.

« A part Roger-Marx qui s'est déclaré l'éloquent champion de la cause, à part Arsène Alexandre et Fourcaud, la critique de la grande presse reste absolument fermée, hostile même aux manifestations qui nous occupent.

Quant à l'Etat, il croupit dans sa routine légendaire, se mire dans les ignominies inqualifiables commises par Sèvres et les Gobelins, et cyniquement, a fait machine en arrière en replaçant, pour l'Exposition de 1900, les objets d'art parmi les classes industrielles.

« Et le public ? Eh bien ! c'est peut-être sur lui que je compte pour remporter la victoire, car il est moins réfractaire qu'on ne le suppose à l'acceptation de nouvelles doctrines, à l'adoption de formules qu'il ignore encore. Il est idiot le public, idiot, idiot, nous sommes d'accord, — mais il possède la qualité capitale de ne pas être intoxiqué par les âneries débitées à l'Ecole des Beaux-Arts, de n'avoir ni parti-pris, ni théories apprises par cœur, ni haines préconçues, ni admirations sur commande. Plus il paraît simple, ignare et bête, et plus facilement on le formera. Il s'agit de le traiter à la hussarde, de le violenter, de lui imposer ce qui est beau, en négligeant de le consulter. Les maîtres, les vrais maîtres, ont toujours fouaillé le peuple qui a d'abord hurlé, qui a fini par se mettre à genoux. Voyez Puvis de Chavannes et Wagner. Il faut s'appeler Bouguereau ou Sarcey pour chercher à satisfaire le goût du public, qui, à un moment donné, se venge durement des platitudes courtisanesques dont il a été l'objet. Demandez à ce pauvre Ohnet s'il ne troquerait pas ses triomphes d'antan contre les sifflets de Becque ?

« En résumé, à mon sens, l'évolution des Industries d'Art reste à l'état embryonnaire, mais elle existe, grâce à Dieu, et le jour approche où délivrés des horreurs qui encombrent nos Magasins, nous renouerons nos anciennes traditions d'ingéniosité, d'esprit, d'élégance, de clarté, de personnalité, de goût formant les qualités primordiales de la race française. Pour activer l'éclosion d'une transformation si ardemment désirée par tous les sincères amoureux d'art, il serait indispensable de chercher à grossir le nombre des amateurs en s'adressant non plus seulement aux raffinés, aux collectionneurs, aux dilettanti, mais aux ouvriers, aux naïfs, aux passants qui aimeront ce qu'ils verront partout et souvent. La meilleure école est la rue : c'est dans la rue, aux vitrines des boutiques, les plus modestes comme les plus somptueuses, qu'il deviendrait nécessaire d'exposer de jolis objets usuels, des étoffes, des meubles, des bijoux, des bibelots. Les artistes du Décor ont jusqu'ici visé une clientèle riche et luxueuse, il est temps qu'ils regardent en bas, qu'ils descendent à la portée des petites bourses, qu'ils tendent la main aux humbles. La production est insuffisante ; elle se dissimule dans les collections privées, s'égare dans les Musées, tient une place insignifiante dans les expositions annuelles; qu'elle se multiplie, au contraire, qu'elle s'exhibe maintenant au plein soleil, et elle s'infiltrera infailliblement dans toutes les couches sociales ; le terrain est préparé, il faut semer.

Lettre de M. HANKAR

Parmi les communications nombreuses que j'ai encore reçues et que je me vois dans l'obligation de ne pas publier pour éviter des redites et une longueur excessive, la lettre suivante de M. Hankar, secrétaire de la Société des architectes belges, mérite d'être particulièrement signalée, car elle contient un excellent projet pour la prochaine Exposition universelle :

Vous demandez s'il y a un style nouveau ? Ne vous semble-t-il pas, comme à nous, que ce que l'on appelle le style est tout simplement la forme donnée, à toutes les époques, aux besoins moraux ou matériels de cette époque ? Or, il est incontestable que la nôtre a des besoins nouveaux, et que, fatalement il faut bien que la réalisation soit également nouvelle. Cette soif d'être vite, bien et complètement renseigné, qui est un besoin impérieux de notre époque d'électricité et de téléphone n'a-t-elle pas créé l'Illustration ? La nécessité de la réclame pour le commerce n'a-t-elle pas créé l'affiche ? Et combien d'artistes l'affiche n'a-t-elle pas révélés.

« Plusieurs de ceux qui ont répondu à votre appel pré-

6

tendent que les architectes devraient commencer par faire
la maison moderne, qui permettrait aux décorateurs et
aux artistes d'y faire la décoration et le mobilier qu'ils rê-
vent. Mais ces messieurs ignorent ou perdent de vue que
s'ils peuvent, eux, faire une armoire, une chaise, un vase,
un rideau avec, somme toute, peu de frais et peu de ca-
pitaux, quitte à chercher l'acquéreur après, l'architecte,
lui, doit avoir son client avant de faire la maison. Or,
combien de ces clients qui détiennent le nerf de la guerre
sont-ils à même de juger d'une idée neuve ? Un sur cent,
et encore ! Qu'arrive-t-il alors ? C'est que l'architecte est
bien obligé (il faut vivre) de construire la maison Renaissance, Louis XV ou Classique qui lui est imposée. Grâce
aux innombrables ouvrages de vulgarisation que la photographie et surtout les précédés phototypiques ont répandus
partout, tout le monde a, aujourd'hui, une teinture d'art
et surtout d'archéologie. Il n'existe naturellement pas de
livre de style nouveau, pour la bonne raison que ce style
est en pleine période de gestation. Comment voulez-vous
que ce client ne trouve pas dans tout ce qu'il voit un style
qui lui plaise plus qu'un autre, et qu'il adopte souvent
faute d'avoir vu ce qu'il ne connaît pas encore, et qui aurait peut-être réalisé son idéal.

« C'est en constatant cette situation que l'idée nous est
venue de profiter d'une des Expositions Universelles prochaines pour proposer de construire un quartier de ville
moderne, exclusivement moderne, où tout chercheur de

neuf aurait liberté de réaliser son rêve. Nous avions d'abord
pensé à l'Exposition de Bruxelles en 1897, mais en par-
courant dans les journaux la description des projets présentés à la commission organisatrice de l'Exposition de
1900 à Paris, nous avons constaté que personne n'avait
eu cette idée. Cela nous a engagé à présenter notre projet
pour Paris, où, après tout, la situation est la même qu'ici,
au point de vue des difficultés qu'éprouvent les novateurs
à faire admettre leurs idées en dehors d'un petit clan d'é-
lite.

« Nous joignons à la présente, à titre de renseignement,
un numéro du *Petit Bleu*, de Bruxelles, du 9 juillet dernier,
dans lequel nous avons, en vue de prendre date, exposé
notre idée ainsi que la copie de notre lettre en date de ce
jour à la commission organisatrice de l'Exposition de
1900.

A. CRESPIN,
Décorateur, Bruxelles.

P. HANKAR,
Architecte, Bruxelles.

*A Messieurs les Membres de la Commission organisatrice de
l'Exposition Universelle de 1900, à Paris.*

« Messieurs,

« Nous avons l'honneur de vous proposer de créer, dans
l'enceinte de l'Exposition de 1900, une ville (ou plutôt un
quartier) absolument moderne, faisant en quelque sorte

la continuation de l'histoire de l'habitation de l'Exposition
de 1889, mais cette fois en proscrivant toute idée archéologique.

« Notre projet a pour but de montrer que, sans rien
emprunter au passé, il y a possibilité de faire, avec nos
matériaux et nos moyens modernes, de l'architecture de
notre temps, en fournissant aux chercheurs de neuf un
champ absolument libre, où ils n'aient pas à compter avec
l'ignorance ou simplement la peur du « pas encore vu »,
qui est la caractéristique des neuf dixièmes de ceux qui
font construire.

« Nous avons fait paraître, dans le numéro du 9 juillet
1894 du journal le *Petit Bleu*, de Bruxelles, et afin de pren·
dre date, un article développant notre idée. Nous avions
en vue, à cette époque, la future Exposition de 1897, à
Bruxelles. C'est en lisant dans les journaux français la
liste des projets présentés, et en constatant que personne
n'avait pensé à l'architecture de l'avenir, que nous avons
cru pouvoir vous soumettre notre projet en vous priant de
bien vouloir l'examiner avec bienveillance.

« Nous joignons à la présente, pour justification, un
exemplaire du *Petit Bleu* du 9 juillet 1894.

A. CRESPIN.   P. HANKAR.

On comprend que ce « quartier moderne » convien-
drait très bien à une exposition d'objets d'art modernes,
chaque objet se trouvant logiquement à sa place.

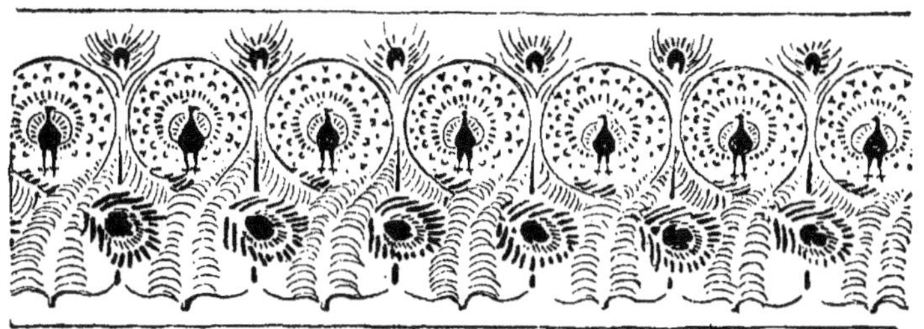

Aux opinions des artistes, il me semblait nécessaire de joindre celle des industriels et des ouvriers d'art. M. Falize, l'orfèvre bien connu, dont l'influence est prépondérante à l'Union des arts décoratifs, était tout indiqué. J'ai fait auprès de lui une démarche.

Opinion de FALIZE

La section des objets d'art au salon du Champ-de-Mars est une intéressante manifestation et importante parce qu'elle a attiré l'attention du public (— ce public avec qui il faut bien compter, puisqu'il est un des trois éléments nécessaires à toute évolution artistique —) l'attention du public, dis-je, concentrée jusque-là sur des bibelots anciens, et l'a ramenée vers les arts modernes. Mais c'est tout ; il faut bien dire que les artistes ont réalisé là des objets plus originaux que complets.

« Je prendrai pour exemple certaines reliures qui sem-

blèrent remarquables et pour lesquelles il m'est difficile de
partager l'engouement général. On s'ingénie à décorer l'intérieur d'un livre avec un sujet d'illustration qui aurait sa
place dans l'intérieur du livre. Encore pour voir ce sujet
d'ensemble faut-il tenir le livre ouvert à l'envers, d'une
façon irrespectueuse et qui peut détériorer l'ouvrage. Les
artistes qui inventent de telles décorations oublient qu'un
livre actuellement est un objet qu'on range soigneusement
dans une bibliothèque, et que l'ornementation d'une reliure ne saurait oublier cette condition.

« Si j'examine les meubles exposés, ou les vases, je ferai
à tous ces objets des reproches analogues.

« A défaut de connaissances techniques qu'ils n'ont pas
le temps d'apprendre, les artistes devraient s'assurer la collaboration d'ouvriers, de simples ouvriers sans prétentions,
mais rompus aux exigences particulières de chaque métier.

— « Pensez-vous, monsieur, que la production actuelle
ait une tenue d'ensemble suffisante pour constituer un
style de notre époque. »

— « Non ! Il n'y a aucune direction. L'unité de tendance
qu'un roi ou une favorite donnaient autrefois, qui l'impo-
serait maintenant ? On a essayé déjà. L'Union Centrale a
toujours en vue ce but à ses efforts. L'impératrice l'avait
tenté aussi. La Païva... avez-vous vu son hôtel depuis qu'il
est transformé en restaurant ? »

— « Mais oui, Monsieur. »

— « Eh bien ! La Païwa avait cherché à faire travailler tous les artistes modernes à un ensemble décoratif. Ces tentatives n'ont pas eu de suite. Il faut, pour une production d'œuvres bien d'accord entre elles, un chef d'orchestre qui donne le ton et batte la mesure. Mais actuellement, tous les exécutants se révoltent contre l'autorité des chefs d'orchestre quels qu'ils soient. »

Puis je me suis rendu

Chez NIEDERKORN

Je dois signaler qu'il existe à Paris un certain nombre, très restreint, il est vrai, de fabricants, soucieux de trouver quelque chose, de faire autrement et mieux que leurs confrères. M. Niederkorn est de ce nombre. Très apprécié déjà dans un petit cercle d'amateurs et d'écrivains d'art, il verra bientôt, je l'espère, une clientèle nombreuse prendre goût à ses charmantes fantaisies.

M. Niederkorn a exposé, cette année, à la Libre Esthétique, une table, un coffret et une chaise qui furent très regardés ; mais pour exposer souvent et en place honorable des objets d'art aux expositions, il faudrait disposer de sommes considérables, faire face à des dépenses possibles à un gros entrepositaire richement commandité, mais auxquelles ne saurait songer un artisan, un laborieux, qui exécute ses travaux dans un atelier modeste, avec des collaborateurs très peu nombreux.

A ma question : « Y a-t-il symptôme d'une renaissance de nos arts mobiliers ? » M. Niederkorn répond : « Oui », sans hésiter...

Il n'y a pas encore style, mais cela arrive. Il le faut bien. Les clients intelligents demandent toujours du nouveau ; il faudra en trouver pour continuer de produire. — Quel sera, suivant vos suppositions, le caractère du style nouveau ? — Depuis longtemps on s'inquiète, surtout dans les meubles, du morceau décoratif ; on fait un meuble Louis XIII, c'est-à-dire qu'on décore un meuble de fragments de l'époque Louis XIII ; le meuble nouveau sera le triomphe de la grande ligne et de la proportion. »

Le producteur doit-il chercher ?...

« On ne peut influencer le public, il s'instruit trop, il décide trop ce qu'il veut avant de commander ; il faut chercher à lui plaire. Je fais un croquis pour chaque meuble et le montre au client avant d'exécuter. Le croquis est toujours modifié. Quelquefois il y a de bonnes idées dans les observations qu'on me fait ; en tous cas, cela oblige à réfléchir. »

Malgré mon désir de donner la parole dans l'enquête, sinon à tous les intéressés, du moins au plus grand nombre possible de personnes différentes, je dois dire que je n'ai pas trouvé chez la plupart des industriels, et chez presque tous les ouvriers d'art qui m'ont adressé des communications et qui m'ont convoqué pour les entendre, de dépositions méritant d'être consignées ici.

Quelques-uns montrent un certain désir de bien faire et de faire nouveau, une vague aspiration vers un art à peine entrevu ; mais ce sentiment, ou plutôt cet instinct, ils ne parviennent pas à le définir et sans doute n'ont pas encore pris la peine d'y réfléchir sérieusement.

Enfin je suis allé

AUX GRANDS MAGASINS DU LOUVRE

Pour consulter M. Honoré, dont l'opinion devait résumer celle des plus clairvoyantes, — disons le mot : des plus intelligentes — personnalités du haut commerce parisien.

Et j'errai dans le magasin, montant un étage, descendant

ensuite et me demandant comment les dames arrivent à retrouver, sans peine, leur chemin dans un pareil labyrinthe.

De temps en temps, j'interrogeais un « inspecteur », cravaté de blanc. Le nom seul de M. Honoré faisait, empressé et obligeant à l'excès, l'homme grave dont la cravate symbolise l'autorité du maître que j'allais visiter. Et je reprenais ma route, bien lentement, bousculé, écrasé, luttant contre le tourbillon affolé des femmes à l'élégance douteuse, à l'odeur banale ou suspecte. Enfin, j'arrivai devant une porte vitrée, gardée par un chasseur majestueux dans sa livrée bleue à boutons d'or. De l'antichambre, où les solliciteurs nombreux sont assis sur des banquettes, je suis introduit d'abord dans le salon du secrétaire particulier — j'allais dire le chef de cabinet — à qui j'explique le but de ma démarche. Puis le secrétaire me laisse seul trois ou quatre minutes et revient me faire savoir que M. Honoré m'attend... et les chambellans étonnés se demandent quel est ce personnage que leur maître reçoit ainsi en audience privée ?... J'entre. M. Honoré est un homme aimable qui écoute mes questions attentivement et y répond avec un grand bon sens et une compréhension assez parfaite de la situation nouvelle.

Opinion de M. HONORÉ

Monsieur, il y a un vieux proverbe qui dit : *Ne sutor
supra crepidam*. Commerçant, je n'ai pas à résoudre des
problèmes artistiques ou sociaux ; l'opinion que je me suis
faite sur les questions qui vous occupent est exclusivement
celle d'un commerçant.

« La rapidité des progrès scientifiques a été telle, en ce
siècle, que nous n'avons pas eu le temps de digérer les
réformes accomplies. Une production considérable a dû
répéter les modèles anciens, le temps manquant pour en
créer de nouveaux. La qualité même des produits a souf-
fert. Ainsi, par exemple, les progrès réalisés dans la tein-
turerie sont applicables généralement à des étoffes de robes
destinées à vivre trois mois, mais ne valent rien pour
la tenture ; les chimistes ont trouvé des couleurs et ont
oublié de les fixer.

« Mais ceci n'est pas le plus grave. La production à bon
marché a entraîné à négliger *le dessin* des objets fabriqués :
voilà le malheur ! Le dessin est le seul moyen de donner
du beau en dehors de toute question de prix.

« ... Le goût ne se paie pas...

« L'extrême division du travail nous a joué un mauvais
tour ; et c'est encore une des conséquences de la fabrication
mécanique qui a séparé l'artiste de l'ouvrier. L'artiste, dans

son cabinet, compose des formes en oubliant, trop souvent, les conditions indispensables de l'exécution. La réforme nécessaire, c'est d'amalgamer le plus possible des hommes qui doivent être de la même espèce et qui sont actuellement monstrueusement divisés, et c'est là le but de mes concours où j'appelle tout le monde ensemble, pêle-mêle, car je suis ici pour des réalisations pratiques : je demande de l'art aux ouvriers et de la technique aux artistes ; il faut que le mariage se fasse entre l'artiste et l'industrie mécanique...

« ... Depuis l'époque romantique, on ne compose plus ; et l'admiration du passé supprime l'invention. Le pli est pris, il sera difficile à effacer. Une femme du monde n'apprécie dans un objet que la répétition d'une ornementation ancienne. Parfois, je descends dans le magasin et je vais écouter les réflexions des clientes autour de notre lampe nouvelle : « Ah ! ah ! fait une dame en s'approchant, voici une lampe Louis XIII, très bien ! très bien ! — Mais non, madame, elle n'est pas Louis XIII, répond le commis. — Oh ! oui ! c'est vrai, elle est Henri II... — Mais non ! madame ; elle n'est ni Louis XIII, ni Henri II ; elle n'a aucun style, elle est *moderne*. — Ah ! fait la dame avec une moue dédaigneuse, tant pis, car je suis décidée pour une lampe Louis XIV.

« Eh ! voilà ! j'ai des moments de colère en pensant aux difficultés qu'il faut surmonter pour faire accepter du nouveau. La copie du passé est une passion malheureuse ; tous les ans on refond les mêmes bronzes sur des modèles de plus en plus fatigués ; assez de margottages. L'honneur de l'art français est en jeu... et aussi le souci de prouver notre bon sens... Les lampes électriques doivent renoncer à prendre la forme des quinquets, à se dresser sur des rocailles Louis XV... Louis XV n'en avait pas... de lampes électriques.

« On peut trouver des formes nouvelles, les artistes ont assez d'imagination, bien sûr ! Cherchons donc à canaliser les efforts des artistes et à les amener à l'industrie. Qu'il y ait dans chaque usine importante deux ou trois artistes de talent.

« C'est ce retour des artistes aux métiers que je cherche à favoriser par mes concours. Concours qui, jusqu'ici, n'ont pratiquement rien rapporté au magasin, mais que j'ai l'intention de continuer quand même ; car j'espère...

« Cette année, je propose trois sujets : un lit, une armoire à glace et un voile de piano... »

Je remercie M. Honoré de son intéressante déposition et je prends congé.

Dans l'antichambre, une file d'hommes, d'allures importantes, de tenue impeccable, se tiennent debout aux côtés de la porte. Tous ces hommes élégants se rangent et me saluent à ma sortie, et moi, m'excusant d'un : « Pardon, Messieurs », le plus diplomatique possible, je réponds à leur salut par un de ces coups de chapeau dont passaient, jusqu'ici, pour avoir seuls le secret M. Prudhon, de la Comédie française, et M. Damoye, du Théâtre Libre.

Lettre de M. BULS

M. le Bourgmestre Buls m'a adressé la communication suivante.

J'en suis d'autant plus flatté que je n'ai jamais eu l'honneur d'être présenté à M. Buls. Je connaissais seulement de lui une intéressante petite brochure : l'*Esthélique des villes*, et je savais, du reste, que le magistrat de Bruxelles est un amateur éclairé, passionné pour les choses d'art. Les embellissements réalisés à Bruxelles sous son administration pourraient parfois être proposés comme exemple à nos ingénieurs et à nos édiles...

ADMINISTRATION COMMUNALE
DE BRUXELLES

—

Cabinet du Bourgmestre

—

Bruxelles, le 17 octobre 1894.

« Monsieur,

Je lis dans l'Art moderne l'annonce de l'enquête que vous ouvrez sur *l'évolution des industries d'art*.

« Comme la question du développement des industries d'art a constamment fait l'objet de mes préoccupations ainsi que vous le prouvera une brochure publiée en 1875 et que, d'autre part, on risque de s'égarer en cette matière quand on se place à un point de vue exclusivement national, je m'intéresse fort à votre étude et je vousprie de me compter au nombre de vos souscripteurs quand vous publierez le résultat de vos investigations.

« A mon avis, ceux qui ont écrit sur cette question se sont toujours placés à un point de vue trop restreint, attribuant la décadence des arts industriels, tantôt à l'enseignement, tantôt à l'imitation des styles anciens, d'autres fois à l'abandon du stylegothique.

« Je crois avoir exposé assez complètement aux pages 7 et suivantes de ma brochure de 1875 les causes qui ont agi sur la marche des industries d'art.

« Notez que je dis la *marche* et non la *décadence*, parce que depuis 1875 j'ai continué à étudier le problème, j'ai visité tous les musées d'Europe et la plupart des grandes expositions avec la constante préoccupation de rechercher les facteurs qui agissent sur la production artistique.

« J'en suis arrivé à conclure qu'on exagère la décadence de nos arts industriels ; à mon avis, depuis une vingtaine d'années, ils font des progrès constants. Ceux qui établissent des comparaisons désavantageuses pour notre époque avec les époques précédentes, le font par une erreur d'optique. Ils regardent en arrière et leur coup d'œil savant embrasse tout ce que l'art a produit de chefs-d'œuvre depuis l'antiquité la plus reculée jusqu'à nos jours, puis ils déplorent la pauvreté du xixe siècle.

« Ils ne tiennent pas compte de la sélection qui s'est faite pendant des siècles parmi les objets accumulés dans nos musées, alors que nous avons constamment sous les yeux tout ce qu'une production hâtive entasse de bon et de mauvais autour de nous. Qu'on visite un musée d'art ancien, en s'efforçant de n'être pas uniquement un *laudator temporis acti*, on devra bien reconnaître que parmi les prétendus chefs-d'œuvre de l'art gothique et de la Renaissance, il en est de fort critiquables au point de vue de l'exécution, du goût, de l'emploi de la matière et de la destination.

« Les meubles gothiques ne devaient pas tous être d'un usage fort commode et telle orfèvrerie de la Renaissance ne révèle pas toujours un ciseleur bien habile.

« J'ai vu dans vos expositions universelles des bijoux, des émaux, des meubles qui dénotaient un goût parfait et une habileté manuelle qui aurait été prisée par les meilleurs artistes de Florence ou de Nürnberg.

« Il faut savoir accepter son époque telle qu'elle est, et chercher à en tirer le meilleur parti possible pour donner à l'homme les sensations exquises que les créations de l'art peuvent lui procurer.

« Il ne sert de rien de déplorer la Renaissance qu'on accuse d'avoir arrêté l'essor de l'art gothique. Les organisateurs de nos écoles de Saint-Luc ne soutiennent-ils pas qu'au XVe siècle l'art gothique avait accompli son évolution, qu'il était en pleine décadence, que ses belles lignes verticales s'étaient tordues et qu'elles étouffaient sous une flore ornementale exubérante ?

« Pouvait-on éviter l'art de la Renaissance et faut-il accuser les seuls Italiens de son introduction en France ? Ce retour aux styles antiques ne correspondait-il pas exactement à toute une évolution de l'esprit humain ?

« Les premiers architectes français qui s'inspirèrent du style italien ne se bornèrent pas à imiter les formes de l'architecture antique, comme on le fit au XVIIe et à la fin du XVIIIe siècle, mais eurent assez de puissance pour imprimer à ces éléments étrangers un caractère bien français et bien original. Comparez les châteaux de Blois, de Gaillon, de Madrid et de Chambord au Panthéon et à la Madeleine, et cela vous sera révélé sur l'heure.

« S'imaginer que l'on peut rayer toute une période du développement artistique de l'Europe, déclarer non avenus les XVIe, XVIIe et XVIIIe siècles et reprendre la tradition au commencement du XVe siècle, me paraît une utopie.

« J'admire les préraphaélistes Fra Angelico, Massacio, Benozzo Gozzoli, notre doux Memling et nos mystiques Van Eyck ; mais pouvons-nous demander aux artistes du XIXe siècle de penser et de croire comme ces artistes naïfs et de s'isoler à ce point de leur milieu qu'ils paraîtraient des ressuscités ou des étrangers ? Autant leur demander de s'habiller à la mode du XIIIe siècle.

« Nos artistes doivent être de leur époque, avoir les aspirations de leur siècle, marcher avec lui vers le même idéal de science et de démocratie. La nature doit être leur inspiratrice première, c'est sa faune et sa flore qui leur fourniront toujours les premiers éléments décoratifs ; mais c'est sur leur *stylisation*, leur interprétation et leur emploi décoratif que doit s'exercer l'imagination et s'appliquer l'invention de nos artistes industriels.

« Loin de nuire à l'esprit inventif, l'étude bien comprise de tous les styles anciens, les recherches des lois esthétiques auxquelles ils ont inconsciemment obéi, doit l'exciter et lui ouvrir des perspectives nouvelles. Et quand je dis les styles anciens, je les comprends tous et non pas seulement ceux de l'antiquité grecque et romaine, dans la copie desquels les Académies s'étaient trop exclusivement confinées.

« Telles sont les idées que j'ai fait appliquer à notre Académie des Beaux-Arts, à laquelle j'ai joint une école des Arts décoratifs dont je vous envoie le programme.

« J'attire votre attention sur l'arbre généalogique des cours qui résume mes idées sur l'impulsion à donner aux études de nos aspirants-artistes.

« Agréez, Monsieur, l'assurance de ma considération distinguée.

« *Le Bourgmestre,*

« BULS. »

J'ai demandé à quelques camarades belges, s'il était jamais arrivé que M. Poubelle se fût inquiété d'une discussion artistique dans une revue de Belgique. J'attends une réponse...

Notre préfet, chacun sait cela, occupe ses loisirs à faire monter des plantes grimpantes sur les toiles de M. Puvis de Chavannes.

M. FÉLIX DE BREUX

Dans le *Journal de Bruxelles*, a bien voulu signaler l'intérêt que présente cette enquête. Il a publié quelques-unes des dépositions déjà parues, puis quelques considérations personnelles fort justes. Entre autres celle-ci :

Quand il faut « vendre » à l'ouvrier, aux naïfs, aux passants de la foule, médiocre par la fortune, il est nécessaire de fournir à bon marché, et le bon marché est tributaire de la machine, laquelle est anti-esthétique. Cependant, même avec la machine, il est possible de produire des œuvres d'art à très bas prix, comme l'ont prouvé MM. Morris et Walter Crane, par exemple, en Angleterre, pour les papiers peints et les images populaires.

« Ce qui est abominable, presque criminel, c'est de vendre aux ouvriers des choses industrielles sans goût, sans couleur, sans art. Je citerai par exemple, chez nous et en France, l'imagerie religieuse : n'est-ce pas une honte pour notre génération que le trafic scandaleux de certaines images destinées à entretenir dans l'âme des simples et des petits la flamme du vrai, du bien et du beau ? Débitées à vils prix, ces images devraient servir de moyen pour l'éducation artistique des classes populaires, et elles corrompent leur but et ridiculisent parfois leurs croyances.

« Des réflexions du même genre pourraient être adressées à la plupart des fournisseurs de la classe ouvrière pour l'habillement, le mobilier, les ustensiles de ménage, etc. »

Quelques jours plus tard M. F. de Breux interviendra directement dans la discussion.

M. Grasset ayant vu dans la lettre de M. le bourgmestre Buls une allusion aux paroles qu'il avait prononcées (voir plus haut) m'a adressé la lettre suivante :

Lettre de EUGÈNE GRASSET

Comme c'est moi qui, dans « l'enquête », ai avancé qu'il fallait reprendre la tradition de l'art ornemental là où la Renaissance l'a interrompue, je puis penser que je suis plus particulièrement visé par la lettre de M. le bourgmestre Buls, insérée dans le numéro du 28 octobre et je vous prie de m'excuser si je viens y répondre quelques mots.

« M. Buls prétend que c'est par une erreur d'optique que nous établissons une comparaison désavantageuse pour le présent par rapport au passé. Il y a beau temps que l'on s'aperçoit de la nullité de l'art industriel moderne. Ce n'est pas de mon invention, en tous cas on peut déplorer l'abandon des méthodes anciennes et séculaires du travail manuel remplacées par l'abus des procédés mécaniques, quand il n'y aurait que cela... Je serais donc, selon M. Buls, un fanatique du Moyen Age, admirant tout sans réserves et rêvant la reconstitution de cette époque lointaine. Je sais très bien que l'art gothique a produit des œuvres des plus critiquables ; en quoi cela importe-t-il, puisque j'ai déclaré ne rien vouloir copier, et je suis étonné qu'on m'en accuse malgré mes déclarations.

« — *Il ne sert à rien,* dit M. Buls, *d'accuser la Renaissance d'avoir arrêté l'essor de l'art gothique* — la chose est pourtant certaine et les organisateurs des écoles de Saint-Luc ne savent ce qu'ils disent avec leur art gothique étouffé sous une flore exubérante ! Jamais art n'a été plus vivant que celui du xve siècle. Où voit-on des lignes étouffées et quelle est donc la décadence ?

« Rien de plus logique, au contraire, que cette architecture admirable, surtout triomphante dans les édifices civils.

« — Pourrait-on éviter l'art de la Renaissance ? et faut-il accuser..... On pouvait facilement éviter la Renaissance qui est venue d'une mode imposée par des rois. L'armée française rapporta d'Italie des maladies et des architectes, ces derniers nantis d'un certain nombre de poncis déjà usés dans leur pays. Ce fut la première évolution archéologique qui se soit jamais manifestée.

« Ce retour aux styles antiques correspondait à cette réaction contre le respect humain du Moyen Age, à ce retour à la matière, à cet appétit dont Jules II et François Ier donnaient l'exemple.

« C'est quelque chose d'analogue, la comparaison est peut-être violente, je la crois juste, à ce rut latent qui pousse un certain nombre de jeunes gens de la bourgeoisie à embrasser la carrière artistique, tout simplement pour vivre au milieu des femmes nues, sans contrôle et sans critique.

« Les architectes français d'alors, comment auraient-ils pu, hommes d'expérience, pas tous jeunes, xve siècles en plein, purs gothiques, auraient-ils pu concevoir autrement qu'en gothique. C'est raisonner à rebours que de dire qu'ils ont eu assez de puissance pour mélanger le style français à l'italien. Ces malheureux que je plains, 400 ans après, de toute mon âme, n'ont fait que *ce qu'ils pouvaient*, en se mettant en quatre pour être à la mode du Roy. Or, il a fallu attendre que ces braves gens fussent morts, pour obtenir l'Italien cher à M. Buls, ce qui arriva, en effet, avec l'avènement de Henri II.

« Il n'y a aucune utopie, pour tout homme d'un sentiment d'art suffisamment développé, à vouloir reprendre la tradition délaissée au xve siècle. Il ne s'agit nullement de rayer les époques qui ont suivi, ce qui serait une occupation ingrate, d'ailleurs. Il faut simplement abandonner le bric-à-brac archéologique inauguré depuis le xvie siècle

et se replacer en plein bon sens comme au xve siècle. Je
ne prêche nullement l'habit du xiie siècle, comme on voit.
C'est à l'*indépendance*, à l'absence d'inspiration archéologique que je veux que l'on revienne, ainsi que cela existait
encore au xve siècle. Voilà ce que j'ai dit et rien autre.
Non, il ne faut revenir à aucune formule et c'est pour cela
qu'il ne faut absolument rien enseigner en fait de styles
« anciens ». Les musées d'art décoratif ne seront que
boutiques inutiles en dehors du but scientifique.

« Mais il y a de par le monde quantité de gens qui
aimeraient mieux mourir que de renoncer à se gaver de
la Renaissance et de sa douzaine de clichés.

M. FÉLIX DE BREUX

prend parti pour Grasset contre M. le bourgmestre Buls :

« Si j'ai bien compris M. Buls, il prêche l'éclectisme esthétique. C'est un système aussi désastreux dans l'art que
dans la philosophie en général. C'est à cet éclectisme que
nous devons l'anarchie, dont se plaint M. Grasset à juste
titre.

« Il ne sert de rien, dit M. Buls, de déplorer la Renaissance, qu'on accuse d'avoir arrêté l'essor de l'art gothique. »
Mais si ! C'est là précisément que gît le centre de cette discussion « académique ». Sans le « crime » de la Renaissance,
nous aurions le « style » tant désiré.

Jamais les organisateurs de nos écoles de Saint-Luc n'ont soutenu qu'au xvᵉ siècle l'art gothique avait accompli son évolution. Au contraire, ils ont constaté que *déjà au xvᵉ siècle* la Renaissance, partie d'Italie, avait corrompu l'unité des formes gothiques. Seulement, pour restaurer le style gothique, ils acceptent même le xvᵉ siècle, parce que tous leurs efforts tendent à boucher le trou qui nous sépare de cette époque de décadence relative. Tâchons, disent-ils, de faire d'abord aussi bien qu'au xvᵉ siècle, puis nous essaierons de faire mieux.

Oui, on pouvait éviter la Renaissance; mais pour cela il aurait fallu déployer un effort moral dont les générations des xvᵉ et xviᵉ siècles n'étaient plus capables, ou dont les classes dirigeantes, pour être plus exact, étaient incapables.

La Renaissance, on ne saurait trop le répéter, a été païenne dans le droit, dans la philosophie, dans la littérature, dans la politique et presque dans la religion. La philosophie scholastique, qui renaît aujourd'hui ; les institutions représentatives, que nous revoyons seulement en ce siècle ; la littérature, dont le gothique Shakespeare est le plus génial maître, sont entrées en décadence, ne l'oublions pas, *en même temps que l'art gothique.*

Le césarisme des gouvernements de la Renaissance est contemporain de la réintroduction des pandectes dans la science et la pratique du droit, et des formes gréco-romaines dans l'architecture. L'absolutisme monarchique et le terme même de *gothique*, qualification injurieuse, vous le savez, sont des œuvres de la Renaissance.

M. Buls conclut donc très logiquement en disant que « le retour aux styles antiques correspondait exactement à toute une évolution de l'esprit humain », ou du moins à une évolution morale d'une fonction très importante des classes dirigeantes. Si je n'avais pas peur de tomber dans le terre-à-terre des discussions « politiques » de notre pays, je dirais que cette évolution fut anticatholique ou anticléricale, comme on dit en Belgique. Voilà pourquoi, très rationnellement, les écoles de Saint-Luc sont bâties sur une base carrément chrétienne.

Il n'y a rien d'*original* dans les châteaux de Blois, de Gaillon, de Madrid et de Chambord. Ce qu'ils ont de réellement beau a été emprunté à l'art gothique. Si cette proposition vous scandalise, je dirai que ces belles constructions sont un déploiement, un développement des préceptes de l'art gothique. Cela est si vrai que bientôt on négligea ces préceptes et l'on tomba dans les pastiches gréco-romains.

Quand je parle de ces choses, je me rappelle toujours l'étonnement que j'ai éprouvé lors de ma première visite à la cathédrale de Pise. Il y a là quelques chefs-d'œuvre du sculpteur Nicolas da Romano. Ce maître connaissait les travaux des artistes gréco-romains qu'il avait sous les yeux. Les a-t-il imités ? Non. Il est resté dans la voie tracée par l'art gothique.

Encore une fois, ceci n'est qu'une discussion scientifique. Il n'est pas question de nier la beauté d'un très grand nombre d'œuvres de la Renaissance et de traiter, par exemple, Michel-Ange de « polisson ». Mais, sans offenser la gloire de ce géant de l'art de tous les siècles, il doit être permis de dire que Donatello, par exemple, était plus dans la vérité esthétique. La preuve, c'est que Michel-Ange a tué l'art sous lui. Après lui commence une irrémédiable décadence.

« La basilique Vaticane est un monument superbe sous bien des rapports. Sa coupole est le dôme du Panthéon transporté par Michel-Ange sur quatre piliers gigantesques. Mais j'aime mieux le Panthéon, et je préfère la cathédrale de Strasbourg à la basilique Vaticane.

« Quand nous répondons à M. Nocq que pour « créer un style » il faut simplement retourner vers les traditions de l'art gothique, nous ne prétendons pas que nos artistes sont tenus de « copier » servilement Fra Angelico, Massacio, notre doux Memling et nos mystiques Van Eyck. Nous affirmons simplement que nous devons nous abreuver d'art aux mêmes sources que ces grands devanciers, qui sont de notre chair et de notre sang esthétiques.

L'évolution démocratique qui nous emporte nous reconduira vers ces sources vivifiantes, car l'art gothique, fait pour la foule, était démocratique lui-même.

« La réponse de M. Buls ne m'a donc pas converti. Je reste de l'opinion de M. Grasset.

2ᵉ lettre de M. BULS

ADMINISTRATION COMMUNALE
DE BRUXELLES
—
Cabinet du Bourgmestre
—

« Monsieur,

L a lettre que j'ai eu l'honneur de vous adresser a soulevé des réponses de MM. Grasset et de Breux. La discussion que vous avez fait naître me paraît trop intéressante pour ne point la continuer. Me permettez-vous de vous envoyer une courte réponse aux critiques provoquées par ma lettre ?

« Quand des hommes de bonne foi discutent une question controversée, il arrive souvent que leur désaccord ne s'accentue que parce qu'ils n'ont pas nettement établi le terrain de la discussion : chacun poursuit son idée dans sa direction favorite.

« M. Félix de Breux prétend que je n'ai qu'effleuré la question fondamentale de l'enquête de M. Nocq : Dans quelles conditions croyez-vous que puisse se manifester le « style » destiné à mettre fin à l'anarchie esthétique actuelle ?

« A ce point d'interrogation, M. de Breux répond :

« Pour créer un style, il faut simplement retourner vers les traditions de l'art gothique. »

« Moi, je réponds : votre recette sera efficace, mais à la condition que la société contemporaine se remette à penser comme pensait la société du XIIIᵉ siècle, qu'elle ait les mêmes besoins, les mêmes aspirations.

« Si, concurremment aux efforts de la société de Saint-Luc, efforts auxquels j'ai impartialement rendu hommage, les patrons de ce mouvement parviennent à rendre à l'Eglise catholique l'empire qu'elle possédait sur les esprits au XIIIᵉ siècle, alors, je l'admets, surgira un style néo-gothique et nous pourrons assister à une Renaissance chrétienne, comme au XVIᵉ siècle l'on a vu apparaître une Renaissance païenne.

« Je ne veux pas rechercher si cela est probable pour ne pas soulever la querelle clérico-libérale. Mais je suis trop tolérant et trop partisan de la liberté pour ne pas approuver des gens qui poursuivent sincèrement la réalisation de leur idéal, fût-il contraire au mien.

« Il est permis de déplorer la Renaissance païenne ; mais se demander si elle aurait pu être évitée me paraît aussi puéril que de rechercher ce qui serait arrivé si le nez de Cléopâtre avait eu un millimètre de plus.

« On connaît toutes les conséquences qu'en a déduites un savant allemand : Antoine ne serait pas devenu amoureux de l'insidieuse Egyptienne, il n'aurait pas perdu la bataille d'Actium, Auguste ne serait pas devenu empereur, etc., etc.

« M. de Breux m'a donc très bien compris quand il dit que je prêche l'éclectisme ; j'ai simplement expliqué que notre art était éclectique, parce que notre société l'était, comme il est cosmopolite, parce que notre société voyage et s'intéresse à ce qui se passe dans le monde entier. Avant la découverte de l'Amérique, avant la vapeur, l'électricité et les journaux, les peuples vivaient dans un isolement favorable à leur originalité et conservaient leurs mœurs nationales comme leurs costumes nationaux ; aujourd'hui, Londres pour les hommes, Paris pour les femmes, règlent les modes des vêtements, et depuis le cap Nord jusqu'au cap de Bonne-Espérance, on trouve des gens vêtus du veston et coiffés du chapeau-boule. Ce ne sont que les peuples rebelles à ce que nous appelons le progrès, comme les Chinois et les Musulmans, qui conservent leur costume traditionnel. Je suis le premier à le déplorer au point de vue pittoresque ; mais cela est fatal.

« Je ne crois donc à l'efficacité de la propagande d'un artiste ou d'une société qu'à la condition que celle-ci se fasse dans le sens du courant qui emporte l'humanité, et ceci répond à la question de M. Nocq : Y a-t-il lieu pour le producteur de chercher seulement à satisfaire le goût public ou, au contraire, à l'influencer et à le diriger ? Un producteur de talent peut provoquer une mode passagère, un engouement momentané pour un genre donné ; il ne créera pas un style, car celui-ci ne s'impose à une nation que s'il est le reflet de sa civilisation.

« Il est donc difficile de distinguer entre la mode et le style quand il s'agit de l'époque contemporaine : la mode peut persister, s'accentuer, prendre le caractère d'un style définitif qui durera autant que régnera l'esprit qui l'inspire ou peut s'étioler faute de correspondre à l'idéal de l'époque.

« Les expéditions de Charles VIII, de Louis XII et de François Ier introduisirent les modes italiennes dans la noblesse française, et comme ces modes agissaient dans le même sens que les idées humanistes qui prenaient corps dans les esprits, elles se transformèrent peu à peu dans le style de la Renaissance. De nos jours, l'ouverture du Japon au trafic européen a mis le japonisme un moment à la mode ; mais, comme ce goût ne correspondait pas à nos mœurs, il s'est déjà éteint, en ce moment, les inventions de quelques tapissiers anglais ont du succès ; nous croyons que cette mode passera comme le japonisme.

« Ce sera le XXe siècle qui pourra dire si les productions du XIXe siècle portent une marque typique qui permette de les distinguer de celles des époques antérieures.

« Telles sont donc les conditions dans lesquelles un style nouveau peut se manifester, et je crois avoir répondu ainsi à tout le questionnaire de l'Enquête.

.   .   .   .

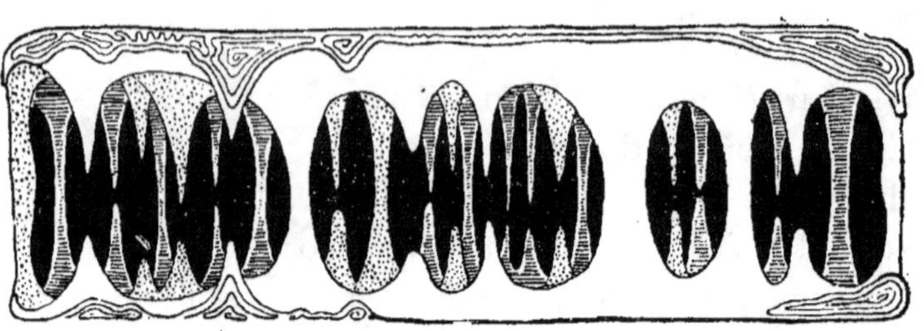

Visite à **EDMOND DE GONCOURT**

Je n'avais vu M. de Goncourt que deux fois. C'était d'abord un soir de répétition au Théâtre-Libre, tout en haut de la rue Blanche ; on lisait les *Frères Zemganno*. Bien que je n'aie eu *le Journal* que plus tard, je connaissais le sens caché dans l'apologue des *Frères Zemganno*, et cette lecture en présence du maître m'intéressait prodigieuse-ment. Je n'avais aucun titre sérieux à assister à cette séance ; j'obtins cependant d'y rester et d'écouter. Un autre jour, c'était dans le magasin d'un antiquaire du quartier Drouot : le maître examinait des meubles de l'époque Louis XV ; je fus vivement frappé de la sûreté de son jugement, de son goût raffiné, de son érudition vraie ; la critique d'art mobilier ainsi faite par un grand artiste, en même temps historien et philosophe : c'est tout une révélation. En frap-pant à sa porte pour mon enquête, je me sentais inquiet. --- Peut-être il refuserait de me répondre : on le disait souffrant — et un peu ému à la pensée de m'entretenir quelques instants sur mon sujet préféré avec le Père de la littérature et de l'art contemporain : M. de Goncourt est un des rares hommes à qui je crois devoir un absolu respect. La bienveillance de sa réception me mit de suite très à mon aise.

Monsieur, j'essaie en ce moment sous ce titre : *Enquête sur l'évolution des industries d'art*, un travail d'examen de nos arts mobiliers, précédé d'une série d'interwiews des artistes et critiques d'art... Vous avez en votre possession un vase d'étain unique au monde de fabrication japonaise, dont les ciselures sont prises sur pièce, oserai-je vous demander de me le montrer ?...

— Volontiers... ; le voici, prenez-le et examinez-le à votre gré. »

Le vase est une merveille inoubliable. Il m'a paru n'être pas fondu, mais embouti ; de là une finesse de métal, un grain serré, inconnu aux vases d'étain fondus en Europe. Les fleurs jetées sur la panse sont d'un travail varié avec une rare intelligence de l'effet pittoresque. Des branches de cognassier sont fouillées en basse-taille avec la même verdeur du coup d'échoppe qu'un rinceau de Cellini et des anciens ciseleurs-armuriers de la Renaissance, quelques fleurs font une saillie plus relevée, repoussées de l'intérieur du vase, elles sont reprises et amoureusement terminées avec tout le précieux maté de Gouthière et des orfèvres français du XVIIIe siècle. Je préfère admirer que chercher à m'expliquer des procédés, et quand M. de Goncourt me demande : « Pouvez-vous me dire au juste comment c'est fait ? » je garde un silence prudent. « Eh bien ! personne n'a pu expliquer au juste la fabrication de mon vase... Hayashi n'en connaît pas un semblable dans tout le Japon.

— Mais vous n'avez ici, monsieur, que des objets d'exception ; j'ai admiré en montant les Kakémonos de l'escalier...

— Oui, ils sont beaux... et c'est bien fini, maintenant, tout ce qui nous vient aujourd'hui du Japon est abominable.

— Pensez-vous que le Japon ait sur nos industries d'art une influence décisive ?

— Le Japon a une grande influence, c'est certain : mais elle n'est pas ce que j'attendais ; au lieu de s'en inspirer, d'en chercher l'esprit, on le copie textuellement.

— Croyez-vous que le retour d'un certain nombre d'artistes vers l'art mobilier, au Champ-de-Mars, par exemple, soit un heureux symptôme ?

— Je suis avec beaucoup d'intérêt ces manifestations et je ne crois pas qu'une somme considérable d'efforts d'hommes de talent ainsi groupés puisse rester stérile. Du reste, comme toutes choses, l'art est soumis à des lois de marche en avant : marche plus ou moins accentuée à certains moments, mais qui ne saurait s'arrêter, car l'immobilité n'existe pas. Je crois que quelque chose va surgir du mouvement actuel ; quoi ?... mais, par exemple, c'est absolument la fin du grand art.

— Vous croyez donc, monsieur, qu'il y a un grand art et des arts mineurs ?

— Il y a certainement des catégories... entre les hommes. Je crois qu'il y a de grands et de petits artistes ; le grand art, c'est l'art des grands artistes ; c'est l'art de Tintoret, de Rembrandt et de Velasquez. Le xviii⁰ siècle est déjà une époque moindre. Enfin l'esthétique de Turner est une esthétique d'art industriel : le Turner de Groult est un flambé. Cette constatation ne m'empêche par d'aimer passionnément cet art amoindri du xviii⁰ siècle ; toutes les productions, dans toutes les branches de l'art et de l'industrie, en sont délicieuses... Au reste, il n'y a que deux époques pour l'ameublement : au Moyen Age l'époque gothique, et le xviii⁰ siècle. Les meubles du xviii⁰ siècle sont les plus élégants de tous. En voici là, de forme bien pure, ces fauteuils, ces chaises, je les trouve beaux, mais je dois reconnaître qu'on y est assez mal assis. Les commodes Louis XV, avec leurs formes courbes, ne sont guère... commodes. C'est charmant, mais on ne peut rien y ranger à son gré. Les objets jolis ne sont jamais pratiques.

Chez **OCTAVE UZANNE**

Dans le charmant logis, où il réalise de façon harmonieuse, pratique et neuve, les idées d'art mobilier intime que naguère il exposait dans l'Art et l'Idée, M. Octave Uzanne, vêtu d'une robe de bure brune, me reçoit avec la plus parfaite courtoisie : « J'ai déjà connaissance de votre travail, me dit-il, par Grasset, qui s'y intéresse lui-même au plus haut point. Oui ! il y a là de quoi enthousiasmer un artiste jeune et actif, car, malgré les efforts et les travaux déjà accomplis, tout est encore à faire. Si l'on veut suivre jusqu'au bout l'étude de cette importante question, il faut aussi beaucoup de courage et de franchise ; ne jamais taire la vérité pour ménager des personnalités plus ou moins en vue, ou des catégories de personnes. Le grand tort des critiques actuels c'est de toujours arrondir les angles, il semblerait si bon, quand on ouvre une polémique, de se trouver face à face avec des adversaires de ferme volonté et de haut caractère. Mais la décadence n'est pas seulement dans nos industries d'art... »

Et M. Octave Uzanne, avec une grande énergie d'idée, avec un rare bonheur d'expression, fait le procès de la Société actuelle et des artistes en particulier.

« La peinture qui sévit inutile, comme la statuaire vaine

de nos *Salons* encombrés, est un des symptômes de notre décadence. Tout ce travail de peintres et de sculpteurs devrait être canalisé dans l'industrie décorative. Que ne décore-t-on nos portes, nos serrures, nos plafonds, nos papiers peints, nos lits, nos pianos, tous nos objets mobiliers ? N'est-ce pas sottise d'accrocher sans suite des tableaux de toute origine, dimension et variété, en de grossiers cadres dorés sur nos murs ? Pourquoi plus de trumeaux, de meubles peints, de frises et de fresques dans nos demeures ? Pourquoi la statuaire ne se répand-elle pas sur des boutons de porte, des gonds, des bras de siège, des trépieds ? Faudra-t-il écrire plus tard que les Japonais ont été les seuls artistes pratiques du XIXe siècle ?

« Je crois que l'origine de la crise actuelle remonte à notre Révolution qui, en chambardant les vieilles corporations, en passant la charrue sur le terrain fertile des traditions, où germaient, poussaient et se succédaient les floraisons de style et les ramifications de l'art ornemental, a porté à notre industrie décorative un coup dont elle ne s'est point relevée.

« Le fameux goût français, qui n'existe plus que dans l'entente et l'apprêt des costumes féminins, est — il est nécessaire de le constater — déplorablement nul et absent aujourd'hui en matière d'architecture et de mobilier.

« Le mauvais goût est la marque distinctive de notre bourgeoisie, lentement domestiquée dans la servitude de *ce qui se fait*, incapable d'avoir une idée décorative, apeu-

rée de toute originalité, béatement heureuse dans le néant
de son confortable, incurieuse d'art étranger et vaniteuse-
ment convaincue que rien n'existe en dehors des mœurs
et des manières de Paris.

« De plus, nos institutions actuelles repoussent toute innovation dépassant la moyenne intellectuelle ; elles favo-
risent les médiocres, les insinuants, les pasticheurs et sont
hostiles à tout ce qui relève de l'initiative des personnalités indépendantes, ou du témoignage des talents insoumis
aux coteries ; en un mot elles s'opposent à tout ce qui
porte la marque aristocratique d'un génie créateur et vo-
lontaire prêt à s'imposer par sa propre puissance et qui ne
peut être jugé par des comités, des commissions et des
réunions d'inspecteurs officiels d'esprit impotent et de caractère abruti par les plus basses besognes.

« L'affreuse halle à tableaux et statues qu'est l'Hôtel de
Ville de Paris, ce milieu incohérent où s'entassent sans la
moindre méthode, sans le plus sommaire sentiment de
goût des commandes le plus souvent injustifiées, est la
plus lamentable preuve de ce que peuvent instituer des
édilités vulgaires, bornées par de mesquines considérations
politiques, accessibles à toutes les compromissions, aussi
imbéciles et aveugles sur toute question esthétique que le
suffrage des hommes qui les ont élus.

« Comment agir parmi tant d'indifférence, d'hostilité,
d'amoureuse tradition du laid, du banal, du convenu ?
Le ressort de la réaction manque aux plus talentueux ; ceux

qui pourraient développer la bannière du renouveau n'ont pas toujours le caractère ni l'énergie nécessaires pour résister aux sirènes gouvernementales qui les entraînent et les enchaînent dans la fange des besognes serviles, sous la honte desquelles ils abdiquent peu à peu et inconsciemment toute personnalité, toute virtuosité, toute puissance.

« La décoration achève l'œuvre de l'enlisement général, le Ruban rouge est devenu le fil à niveau des médiocres ; les jeunes se laissent encore prendre à ce misérable témoignage de servitude bien qu'ils sachent que marcher seul, penser soi-même, s'élever dans la tour d'ivoire de sa propre personnalité indépendante, c'est se mettre hors de portée du ruban qui les doit assujettir et désormais guider sur le chemin des honneurs démocratiques. C'est à qui se rapetissera pour entrer dans cette *légion* qui prétend annoblir à la fois négociants, boutiquiers, militaires et artistes, non pas les humbles qui luttent dans l'ombre, mais tous ceux qui ont effrontément raflé au grand jour fortune et succès. Qu'espérez-vous obtenir dans un tel monde du beau rêve ?

« Voyez ce qu'a produit l'*Union centrale des Arts décoratifs*, regardez ce qui est sorti des écoles fondées à grands frais d'éloquence creuse, comparez ce qui a été fait en France depuis vingt ans avec ce qui s'est créé d'ingénieux, d'exquis, d'admirable en Angleterre et même en Amérique depuis dix ans, et concluez ; cela vaudra mieux que de vous reporter aux ouvrages plus ou moins lisibles et inanes de MM. X. et Y., des *pompiers* de l'ameublement, qui éteignent toutes les flammes du Renouveau.

« Les Anglo-Saxons ont sur nous une force indiscutable, *la solidarité*, cette force se retrouve dans tout ce qui peut contribuer au relèvement du génie national, tandis que nous nous appliquons à développer l'envie et la haine des talents, les uns contre les autres ; nous divisons ainsi nos énergies, nous les émiettons, nous les détruisons, au lieu de les tresser en faisceaux. Toute entreprise nouvelle, originale, sérieuse, a contre elle, en France, l'omnipotence de la médiocrité jalouse, l'effarement des officiels et la fatalité d'envoûtement qu'exerce un général désir d'insuccès ; faire grand est devenu impossible.

« Gulliver chez nous est terrassé par les pygmées....

« Je ne croirais donc au relèvement de l'art ornemental et mobilier, que s'il se trouvait créé de toutes pièces par des hommes de caractère inattaquable, incurieux de l'opinion d'autrui et des suffrages, faisant résolument une œuvre d'ensemble, chacun apportant sa personnalité et sa note spéciale, mais sans souci des encouragements des Administrations. — Agir seul, sans appui, ni espoir d'appui de ce qu'on nomme les pouvoirs — créer des livres nourris de démonstrations graphiques, fabriquer des meubles, des édifices particuliers, etc., voilà ce qu'il faudrait ; le beau finit toujours par s'imposer ; il porte en soi son triomphe tôt ou tard assuré. »

Opinion de VICTOR CHAMPIER

Le retour de certains artistes, notamment au Salon du Champ-de-Mars, vers les arts appliqués, est un intéressant symptôme dont il ne faut pas cependant exagérer l'importance. L'évolution des industries d'art date de l'exposition universelle ; oui, c'est seulement en 1889 que le mouvement a paru s'orienter. Il n'intéresse encore qu'un petit nombre assez restreint d'amateurs, mais ce petit noyau ne peut manquer d'avoir une influence sur le goût public.

« La récente et indéniable évolution, si elle est facile à constater chez les artistes et chez quelques fabricants, semble surtout s'accentuer, je ne dirai pas d'année en année, mais de mois en mois, dans les écoles, et ceci est de la plus haute importance. Dans toutes les écoles publiques ou privées où l'on enseigne l'art décoratif, et dont j'ai examiné les travaux, lors des différentes missions dont je fus chargé, le mouvement se manifeste avec une intensité qui doit nous donner les plus belles espérances. Qu'on regarde, par exemple, les travaux des élèves de Grasset, on y verra la pensée d'art affirmée ; on y reconnaîtra l'influence d'un maître obligeant ses élèves à respecter les matières et à suivre une méthode rigoureuse ; le public pourrait se convaincre qu'une génération se forme, qui apporte peut-être les éléments d'un style...

« Je crois qu'une explication de ce mouvement est dans ce fait : Les fabricants ont vu, à l'exposition de 1889, beaucoup plus qu'en 1878 et en 1867, les étrangers copier la plupart de nos modèles, et comme ces modèles n'avaient guère changé pendant des années, les étrangers s'étaient fait la main aux formes françaises, et la concurrence devenait dangereuse ; alors les plus artistes ou les plus malins demandèrent quelque chose de nouveau ; certains trouvèrent en eux-mêmes les éléments de ce quelque chose, tel Gallé, tel Falize. Parmi les fabricants beaucoup d'autres voudraient pouvoir demander à des artistes des modèles, s'ils ne le font pas encore, c'est parce qu'ils savent que le public ne les suivrait pas. On ne peut pas trop leur jeter la pierre...

« Nous ne sommes pas dégagés des formes du passé, et il est plus difficile que jamais de les modifier aujourd'hui. L'art du XVIIe et du XVIIIe siècle correspondait à une société déterminée, il était la glorification de la monarchie et cet art monarchique était logiquement approprié à sa destination, fait pour la splendeur des palais. La révolution arrive, cette fixité absolue d'état social est bouleversée. On se fait alors un idéal social approché de la constitution des Républiques antiques, et on cherche à établir le style Percier-Fontaine répondant à cet état de Société antique. Mais ce style ne dure pas et aucune des restitutions historiques qu'on tente successivement après cet essai ne s'établit solidement parce qu'il n'y a plus l'unité de direction qui caractérisait l'époque monarchique... »

— « Quels seront les éléments d'un style nouveau ? »

— « Comment voulez-vous le déterminer à l'avance ?... »

— « D'une façon catégorique..., je crois, comme vous, monsieur, que c'est assez difficile. Mais enfin, n'y a-t-il pas des probabilités ? »

— « Je pense que le style nouveau ne bouleversera pas tout. Il est clair qu'une table ne saurait être absolument modifiée ; la table restera composée comme aujourd'hui, plus ou moins grande, plus ou moins haute et supportée par des pieds peu variables. Mais la décoration des tables d'une même époque ne retrouvera pas l'unité qu'elle avait sous la monarchie ; la fantaisie individuelle dans notre Société individualiste prendra une part de plus en plus importante. La production mécanique contribuera surtout à des modifications des formes.

« Par exemple : l'introduction du tour à médailles dans la pratique de la sculpture sur bois a permis à M. Levillain d'exécuter rapidement d'élégants panneaux en bois ; la généralisation de ce procédé permettra d'ornementer les meubles avec un sentiment artistique irréprochable et un fini parfait dans un espace de temps et pour une dépense d'argent moindres que si toute la sculpture était faite à la main.

« La production à bon marché est une loi de la démocratie moderne ; les formes et les décorations exécutables à la machine sont une des conséquences de cette loi, et ont pour but de satisfaire les gens de goût de plus en plus nombreux; tandis que dans le passé on faisait des travaux minutieux et chers qui ne s'adressaient qu'à une élite.

« Nous avons besoin maintenant d'un art très répandu, pour la foule ; cet art aura recours aux machines et évitera les recherches de main-d'œuvre coûteuses ; enfin, il contribuera à répandre les pensées philosophiques qui seront les idées de la Société de demain. »

Chez M. HENRY HAVARD

M. Henry Havard, que j'avais prié de vouloir bien me donner son opinion, m'avait répondu qu'il ne croyait pas possible de traiter en quelques lignes ce sujet :

. . . .

« Cher Monsieur,

Si j'avais à traiter, même sommairement, l'ensemble des questions que vous me posez, je ne pourrais le faire en un article, il me faudrait au moins trois ou quatre gros volumes.

« J'en achève un en ce moment : l'*Œuvre de P.-V. Galland*, qui compte près de 300 pages, où elles ne sont qu'effleurées ; plusieurs d'entre elles se trouvent incidemment résolues, depuis une douzaine d'années, dans mon volume intitulé *l'Art dans la Maison*, et dans un autre volume sur la *Décoration*, publié, il y a quatre ans, chez Delagrave.

. . . .

« Mais venez me voir..., et vous me direz sur quel point vous désirez que la lumière soit faite. »

. . . .

M. Henry Havard est bien connu des artistes. Physiquement, un officier en civil, la voix est forte, le geste est sobre. Il m'accueille par quelques mots de très brève politesse, d'un homme du monde affairé ; m'indique un fauteuil, m'offre une cigarette et s'assied à son bureau.

Je vois avec sympathie, mais avec inquiétude, un jeune confrère aborder des études aussi difficiles que celles des industries d'art. Je me souviens qu'un des hommes les plus clairvoyants de ce siècle, dont les travaux font autorité, M. Mantz, arrivé à la fin de sa vie, aurait voulu pouvoir brûler la plus grande partie de ses œuvres. Aussi, permettez-moi de vous le dire, vous avez mis le pied dans une fourmilière.

« La question est excessivement complexe.

« Le grand mal de notre époque, c'est que la plupart des hommes, quelle que soit la profession qu'ils embrassent, l'embrassent trop tard. Ils ne choisissent leurs métiers différents qu'après avoir terminé des études générales, après leur service militaire. Ceux qui se décident pour les professions artistiques n'y sont pas préparés par leur éducation première. Ce défaut de première éducation spéciale est funeste dans les arts qu'on est convenu de qualifier décoratifs, plus que dans tout autre. L'art décoratif nécessite, chez l'artiste, des connaissances techniques, une pratique professionnelle qui manquent, j'ai eu le regret de le constater dans les expositions récentes, à nos inventeurs de formes et de décorations nouvelles. Enfin, il y a un certain nombre de règles qu'il est impossible d'éviter sans tomber en de grossières erreurs ; et que je résume dans cette formule : *Le raisonnement doit primer le tempérament*.

« Nous subissons une sorte d'atavisme quand nous voulons composer un meuble, un vase ou un ustensile quelconque, et nous sommes obligés de nous plier, si nous voulons faire un objet usuel en même temps qu'un objet d'art, à un certain nombre de conditions absolues. Les formes ne sont pas, ne peuvent pas être le produit d'une ingéniosité féconde, simplement guidée par des règles générales ou des calculs heureux, secondés par une aimable fantaisie. L'adoption de chacune d'elles est, le plus souvent, la résultante d'une longue suite d'expériences réalisées par un certain nombre de générations successives, et l'on pourrait citer tel galbe qui n'a été adopté d'une façon définitive qu'après un demi-siècle d'essais et de tâtonnements.

« Pour ne citer que quelques exemples, constatons que l'usage est généralement adopté de prendre le café, le thé, le chocolat, dans des tasses différentes.

« Il a fallu près de cinquante ans pour qu'on se convainquît que le café, demandant à être pris brûlant, devait être servi dans une tasse haute et relativement étroite, et pour reconnaître que le thé développe davantage son arôme dans une tasse évasée. Si, de la tasse à café et de la tasse à thé, nous passons à la cafetière et à la théière, nous trouverons des différences identiques. La première reçoit la boisson tout infusée, prête à être servie ; la seconde, au contraire, la laisse infuser.

« Par conséquent, ces deux récipients doivent forcément revêtir une forme différente, et cette forme est déterminée par le genre d'utilité propre à chacun d'eux. Et vous voyez combien il est difficile de modifier, même pour l'améliorer, la forme d'un de ces vases d'usage journalier, et comment nombre de tentatives, excessivement ingénieuses, ont avorté. Aussi voilà, à la maison Christofle, M. Bouilhet imaginant une nouvelle cafetière. Il a pu remarquer, en passant dans son jardin, la beauté de formes de l'artichaut, et il a essayé d'en faire une cafetière. Mais à cette forme d'artichaut, il a dû ajouter un col, un couvercle, un bec et une anse. L'obligation d'ajouter toutes ces parties montre bien qu'il était illogique de transformer une cafetière en artichaut, et, d'une façon générale, qu'il est difficile de vouloir adopter, pour nos ustensiles, des formes naturelles, la nature n'ayant pas pris soin de nous donner tout faits des soupières, des sucriers, des flambeaux, etc. Dans les meubles, nous allons rencontrer les mêmes difficultés. M. Carabin, très habile sculpteur sur bois et plein d'imagination, fait des sièges peu pratiques, dangereux même, des armoires où l'on ne peut pas ranger grand chose. Qu'il nous fasse donc des figures, des monstres dans le genre japonais, s'il lui plaît, pour placer dans les angles des pièces, pour placer où l'on voudra, mais pas des meubles.

« M. Boucher a fait un lit, récemment, mais il est facile de faire ressortir les inconvénients d'un lit décoré de sculptures en relief.

« La transformation d'un objet mobilier ne dépend pas de l'imagination du créateur de cet objet, mais elle répond aux transformations qui se produisent dans nos besoins. La forme et les dimensions des ustensiles de toilette ont suivi les progrès des habitudes de propreté : tant que les appartements ont été mal clos et mal chauffés, on a été obligé de servir la soupe dans des écuelles profondes et couvertes. Dès que l'on a pu prendre les repas dans des pièces garanties du froid, on a remplacé l'écuelle par l'assiette creuse.

« Jusqu'au règne de Louis XIV, les sièges à haut dossier, dont la hauteur variait suivant le rang des personnages, se sont conservés, mais, à cette époque, ils sont remplacés par des fauteuils à dossier bas.

« Ce changement vient de la mode des grandes perruques que les dossiers élevés dérangeaient et décoiffaient.

. . . .

« En un mot toutes les modifications apportées dans les meubles et les ustensiles doivent être commandées par des besoins.

« Tout objet d'art mobilier doit être conçu d'abord en vue de son usage particulier, la forme pour l'usage et la décoration pour la forme.

9

. . . .

« Ces conditions constituent ce qu'on appelle les « convenances ». L'oubli de ces convenances, voilà le défaut
capital que je reproche à la plupart des artistes qui s'occupent d'art décoratif, sans études préalables suffisantes. Le
respect de ces convenances a été le premier souci du maître
décorateur Galland, et un des principaux éléments de beauté
de son œuvre. »

M. Havard me montre les illustrations de son livre :
l'Œuvre de Galland, qui va paraître prochainement et est
déjà mis en pages. Il commente chaque dessin et en fait
ressortir les qualités avec un zèle, avec un enthousiasme
qui me surprend, car c'est, je l'avoue, la première fois que
j'entends un tel éloge de Galland. J'insinue alors :

« On a souvent fait à Galland le reproche d'avoir man-
qué d'originalité et d'avoir surtout mélangé Véronèse à
Tiépolo et à la Renaissance française. »

« — C'est insensé ! D'abord, je viens de vous montrer
un grand nombre de peintures et de dessins qui sont bien
à Galland tout seul ; et, quand même il y aurait des réminiscences dans ses décorations, l'important est que cela
fasse bien. Est-ce que je n'ai pas le droit d'employer tel
adjectif, cher à Victor Hugo ; ou telle tournure de phrase
qui rend bien ma pensée, mais se trouve déjà dans Saint-
Simon. Ah ! l'originalité ! Un grand artiste, qui était aussi
un homme de grand bon sens, Reynolds, en a fait justice...
il défendait à ses élèves d'y penser. »

A ce moment M. Havard, qui s'est levé et regarde à sa fenêtre la foule des vélocipédistes qui passent et repassent dans l'avenue de la Grande-Armée, fait une remarque plaisante :

« La mode de la bicyclette, si elle continue à se propager, comme elle a fait en quelques années, pourrait bien modifier la forme de nos sièges. Il est clair qu'une génération de bicyclistes ne verra plus la nécessité des sièges confortables et doux qui nous sont indispensables, à nous, habitués à circuler en voitures bien capitonnées.

« Toutes ces questions, que nous venons d'effleurer à peine, sont plus longuement étudiées dans les petits ouvrages que j'ai écrits et destinés à l'enseignement... Je vais vous offrir ces ouvrages. »

Et, pendant que je me hâtais de répondre trois mots pour le remercier, M. Havard ouvrait une armoire, prenait les livres et me les remettait gravement :

« — Premier prix d'attention, — premier prix d'interwiew fidèle. »

ARSÈNE ALEXANDRE

M. Arsène Alexandre approuve complètement l'idée de
« l'enquête », qui soulève de très intéressants problèmes.
Il va publier, du reste, dans le « *Paris* », des appréciations
sur l'art mobilier de cette époque et sur les artistes-artisans,
dont il suit de très près les expositions :

L'écrivain qui s'applique à l'étude des arts mobiliers en
ce siècle, nous dit-il, ne manque pas de remarquer un
curieux phénomène. Vers 1860, on s'est avisé que le style,
le caractère de l'art, manquait généralement à tous nos
meubles, à toute notre orfèvrerie, etc., et l'on s'est inquiété
de cette prétendue décadence. Cette constatation et cette
crainte vinrent certainement d'informations insuffisantes,
et c'est vraiment le cas de la plupart des enquêtes : on passe
un jour dans une ville, on déclare connaître à fond cette
ville, on examine à la hâte une question, si complexe soit-
elle, et sans prendre le temps de l'analyser en conscience,
on dépose des conclusions formelles. Donc on conclut à
la décadence des industries d'art très légèrement. Si on les
avait étudiées comme il convient, on se serait aperçu que
la première moitié de ce siècle a produit des meubles, des
vases, des étoffes au moins estimables.

« Il n'en saurait être autrement, la production artistique d'une époque présente toujours une certaine unité d'ensemble, malgré la distinction qu'on a longtemps cherché à établir entre l'art pur et les arts mineurs. Si les salons-crapauds de Compiègne sont hideux, la peinture de Winterhalter ne vaut guère mieux, et il n'est pas possible que l'industrie d'art soit restée complètement en arrière à l'époque d'Ingres et de Delacroix. Et voyez dans certains portraits d'Ingres, ceux de M. et Mme Rivière, par exemple, les accessoires. Le fauteuil de M. Rivière est-il donc si laid ? Je ne le trouve pas. Le vêtement est intéressant, la grande cravate a son style. Et dans le portrait de Mme Rivière, n'êtes-vous pas satisfait de la couleur et des dessins de son châle. Ce châle, ces vêtements, ces meubles me paraissent très caractéristiques et nullement disgracieux. En somme, je trouve injuste le jugement que l'on porte sur nos industries d'art.

« Qu'arriva-t-il alors ? Chacun s'employa avec zèle à remédier au mal imaginaire, et, sous prétexte de remédier, on le créa ce mal qui n'existait pas. Les sociétés et les écoles d'art décoratif et les réformes néfastes introduites alors, voilà les auteurs responsables de la crise actuelle, parce qu'elles ont enseigné des styles au lieu d'enseigner une méthode. La réforme complète de l'enseignement, voilà la première chose urgente à obtenir. Cette réforme, fût-elle aussi complète que possible, il faudrait encore un nombre considérable d'années avant d'effacer le pli pris. »

ROGER MARX

M. **Roger Marx pense** qu'il lui est difficile de formuler en quelques lignes son avis sur l'évolution des arts du décor. En effet, après les nombreux écrits et les nombreux discours dans lesquels il a résumé ses travaux, une réponse très succincte ne donnerait de son opinion qu'une idée insuffisante. Mais il ne se désintéresse pas pour cela de notre enquête, et son approbation m'est précieuse.

— « Rien de plus piquant que votre enquête ouverte dans la Revue même où se lisaient naguère, signés de noms aimés, de très curieux aperçus sur l'inanité de la presse et de la critique. C'est là une thèse que vous ne confirmerez pas, à coup sûr. Quand on étudie l'évolution des arts du décor au XIXe siècle, il faut bien reconnaître que l'intervention de l'écrivain n'a pas été sans influer sur leurs destinées. Rappelez-vous les mouvements d'opinion provoqués par Victor Hugo, par Viollet-le-Duc, l'action stimulante exercée par les de Laborde, de Luynes ! Plus récemment, n'est-ce pas à des revendications d'hommes de lettres que sont dues l'admission des arts industriels aux Salons et l'émancipation des ouvriers d'art, la reconnaissance de ce que

Maurice Barrès appelait hier, dans *le Journal*, « leur personnalité » ?

« Votre enquête arrive à son heure pour ajouter quelques
nouvelles acquisitions aux résultats déjà obtenus, on lui
devra des éclaircissements salutaires sur la situation des arts
de décor ; elle accusera aux yeux du public la tendance
qui porte de plus en plus les artistes vers les applications
du beau à l'utile ; pour les artistes, elle les forcera à médi-
ter sur les conditions propres à assurer le succès de leur
effort. »

Nonchalamment assis dans son fauteuil, M. Roger Marx
parle d'une voix douce, par phrases lentes, entrecoupées,
comme traversées de rêveries, sans efforts de mémoire, il
retrace les différentes phases de l'admission des objets d'art
aux Salons, les luttes que les exposants eurent à soutenir,
les griefs qu'ils peuvent avoir contre les sociétés artistiques,
contre les fabricants et contre l'Union centrale ; les erreurs
aussi qu'ils ont commises, et la conversation abonde en
aperçus ingénieux et en conclusions judicieuses ; tandis
qu'il parle, sa main gauche se joue dans les mèches de sa
barbe blonde, sa main droite plonge dans des monceaux de
brochures, de journaux, de feuilles volantes entassés sur sa
table, mais amoncelés pourtant avec ordre, puisque la main
trouve toujours à l'instant ce qu'elle cherche, et, à l'appui
de chaque affirmation, de chaque fait raconté, apporte le
document caractéristique.

« Mais surtout, il est bien entendu, conclut à notre grand regret M. Roger Marx, ceci est une conversation entre nous, ce n'est pas un interwiew... Si nous examinions les objets d'art exposés chaque année aux Salons, il peut se faire que nous soyons amenés parfois à formuler, à côté des éloges, quelques légères critiques. Ces critiques faites de vive voix et aux artistes eux-mêmes, peuvent leur être utiles, mais imprimées, compromettraient gravement leurs intérêts.

« Le public lisant des reproches quelconques, même légers, adressés à quelque originale tentative de meuble nouveau, signée d'un des artistes que nous aimons, pour le succès desquels nous combattons :

« Vous voyez, dirait-il, c'est imparfait encore et nous avons raison de ne pas adopter ces nouveautés. » Et il retournerait au faubourg Saint-Antoine, aux crédences Henri II. »

NOTES

SUR LE

Progrès des Industries d'Art

(Décembre 1894 — janvier 1895).

I

Tous ceux que passionne à juste titre le mouvement d'évolution de nos industries d'art, les hardis écrivains et les artistes qui depuis plusieurs années travaillent sans relâche au progrès de cette cause artistique et sociale, s'ils mesurent aujourd'hui le chemin parcouru, si, d'un rapide coup d'œil en arrière, ils embrassent l'ensemble des réformes déjà réalisées, dans cet aperçu concluant trouvent, avec l'orgueil légitime des résultats obtenus, le courage nécessaire pour continuer leurs campagnes.

Tandis que nous constations avec douleur, hier encore, l'indifférence générale pour toutes les questions de l'art appliqué, un groupe appréciable d'artistes, d'industriels et d'amateurs, écoute désormais avec une curiosité sympathique nos plaidoyers en faveur d'une rénovation nécessaire ; réjouissons-nous donc de semer enfin avec confiance dans un terrain préparé.

Les témoignages abondent de l'attention du public grandissant sans cesse d'année en année et même de mois en mois pour les manifestations nouvelles de l'art ornemental. Le public commence à comprendre que le domaine du Beau n'est pas limité aux tableaux et aux statues, comme il se l'était laissé dire trop longtemps. A ce titre, le succès de la section des objets d'art au Salon du Champ-de-Mars, dès la première année, avait une importance considérable ; encore, le voisinage des tableaux et des statues, les noms déjà connus dans la peinture ou la sculpture d'un grand nombre des exposants de cette section, pouvaient aux yeux de quelques « pompiers » expliquer en partie ce succès inattendu. Depuis, d'autres symptômes plus significatifs encore, malgré leur importance matérielle moindre, sont venus s'ajouter à celui-là.

Des expositions d'art ornemental exclusivement s'ouvrent en province de tous côtés. L'exposition de Nancy a fermé à peine ses portes, que l'exposition de Nantes annonce son inauguration, et à la faveur du mouvement d'idées que créent pour un temps dans les différents centres ces expositions, n'espère-t-on pas renouer les anciennes traditions provinciales des industries d'art ? Je ne discute pas, je constate seulement ces efforts vers le progrès, et simultanément la décentralisation qui tend à accuser les tendances individualistes de l'art nouveau. Le public se porte en foule à ces expositions, et à chaque inauguration dans Paris je retrouve le même personnel de femmes élégantes et d'hommes du monde qui naguère croyaient avoir assez affirmé leur bon goût artistique en figurant une heure au vernissage du Salon officiel. Et ces personnes ne viennent pas par snobisme seulement aux expositions d'art mobilier ou de céramique : leur attention éveillée sur des questions jusqu'ici dédaignées, curieuses de ce qui est pour elles inédit, elles sollicitent des éclaircissements.

Je le constatais il y a quinze jours à l'exposition de Lachenal, le céramiste qui, à la fin de chaque année, expose chez Georges Petit l'ensemble de ses œuvres ; également à l'exposition de Dalpeyrat, dans la même galerie, j'écoutais avec un vif intérêt les réflexions que tout autour de moi suggéraient à la foule mondaine les remarquables poteries exposées ; et prenant part, aussitôt présenté, aux conversations des dames, j'avais grand plaisir à répondre aux diverses interrogations qui m'étaient posées sur les procédés céramiques. Mes petites conférences étaient écoutées avec une remarquable application et, j'en suis certain, mes charmantes auditrices n'oublieront pas les éclaircissements que je leur donnai sur le grès, sur le flammé, le grand feu et le feu de moufle. Cette curiosité d'une partie du grand public peut déterminer une mode qui, demain, fera triompher nos idées.

Les plus intelligents et les plus habiles, sans doute, des industriels et des commerçants, pressentant l'importance du mouvement de renouveau si clairement annoncé, se recueillent, et ne pouvant, comme les grands magasins du

Louvre, ouvrir des concours publics très coûteux, cherchent pourtant les moyens de se tenir prêts à répondre aux exigences prochaines de leur clientèle.

Les déclarations de M. Honoré sont, à cet égard, du plus haut intérêt. Elles témoignent du légitime désir de modifier promptement la production industrielle, remplacer enfin le genre musée de Cluny et les ridicules pastiches par des objets *modernes* et *vraiment artistiques*.

M. Jansen consacre, rue Royale, un magasin à l'exposition de *meubles nouveaux*. Je passais ces jours-ci et m'étais arrêté à examiner un meuble en frêne teint, quand on me fit signe d'entrer pour me montrer : quoi ? Des papiers peints de Heywod Sumner.

Je constate avec joie les efforts de ces commerçants qui cherchent le progrès et n'hésitent pas, malgré les préjugés, à faire venir d'Angleterre ce qu'on ne sait pas fabriquer à Paris. Rien n'est plus propre à stimuler nos artisans que de mettre ainsi sous leurs yeux les produits les meilleurs des manufactures étrangères. Ces commerçants sont, du reste, parmi les plus importants dans leur commerce. Les autres, ceux qui ne font jamais que suivre les mouvements du goût, et de très loin, y viendront ensuite,.... un peu plus vite ou un peu moins, nous verrons bien.

Mais si le public et les industriels sont sur le point de se rallier à l'esprit nouveau du mobilier, l'évolution des artistes sera plus longue. Certes, plusieurs d'entre eux et des meilleurs accueillent avec joie l'idée d'une Renaissance prochaine, mais il faut bien le dire, le plus grand nombre des artistes peintres et sculpteurs, des modeleurs et dessinateurs de l'industrie, opposent à ce progrès une résistance incompréhensible. La protestation des sculpteurs-modeleurs, lors du concours du Louvre, est une preuve convaincante de leur état d'esprit ; c'est qu'il y a chez eux toute une éducation à refaire, et il est toujours plus difficile de vaincre des préjugés que d'instruire des gens qui apportent à l'éducateur un esprit indépendant de toute routine. On pourrait croire les artistes exposants des salons annuels plus affranchis que leurs confrères de l'industrie — erreur complète. L'histoire des difficultés qu'a rencontrées à son début la section des objets d'art au Salon du Champ-de-Mars est très intéressante à cet égard. Un autre exemple tout récent apporte sur le même sujet son témoignage significatif : on sait que la « Société libre » tient des réunions hebdomadaires où sont discutés les intérêts des artistes exposants au Salon. Une fois par mois, la réunion est plus spécialement réservée aux sculpteurs ; donc, dans leur dernière assemblée, les délégués sculpteurs ont délibéré sur l'opportunité de créer une section des objets d'art au Salon des Champs-Elysées. Cette proposition a été combattue avec énergie, et les arguments produits, qu'on n'en doute pas, furent des plus joyeux : l'un des délégués s'écria même, dans une période oratoire que la sténographie a dû conserver : « Il n'y a plus de raison, si nous laissons envahir notre Salon par les vases, les tables et les chaises, pour qu'on n'y envoie pas aussi des paires de bottes (1). »

Sans même chercher à réfuter pour la millième fois des opinions ainsi exprimées, je me contenterai de signaler au Mirabeau de la Société libre l'exemple de deux de ses confrères les plus notables : M. Roty et M. Duez. M. Duez dessine des modèles de coussins, de vrais coussins avec des broderies polychromes qui sont exécutées sous ses yeux au fur et à mesure qu'il dessine. M. Roty modèle des ustensiles de toilette, des couverts de table, et quantité d'objets où le sentiment d'art s'allie à toutes les conditions d'usage et de commodité. Je cite les noms de MM. Roty et Duez, parce qu'ils se sont présentés d'abord à ma mémoire. Je pourrais nommer encore un grand nombre d'artistes qui s'étaient déjà acquis une réputation enviable dans le (prétendu) art pur, et ainsi ne peuvent être soupçonnés par des confrères malveillants d'être venus à l'art appliqué par habileté ou par dépit ; s'ils ont évolué, c'est parce qu'ils ont compris que l'artiste avait mieux à faire que de s'enfermer dans une tour d'ivoire déjà bien ébranlée et de lutter en réactionnaires isolés au nom de principes d'un autre âge ; il est juste, il est honorable, de vivre et de penser, de faire œuvre utile dans le temps présent, pour le temps présent ; de s'engager sans regrets superflus dans le chemin nouveau qui s'ouvre à notre marche en avant.

(1) Malgré les discussions puériles et les diatribes, l'admission des objets d'art est aujourd'hui un fait accompli.

II

Nous trouvons dans le public, parmi les artistes et parmi
les commerçants, deux catégories distinctes. La distinction est nettement tranchée et se constate de suite, pourvu
qu'on veuille examiner en toute indépendance. D'un côté,
les hommes de progrès, curieux des initiatives en art, avides
de nouveautés, l'élite. De l'autre côté, les retardataires, par-
tisans du déjà vu et des continuelles répétitions, — ceux
qui comprennent et ceux qui ignorent ou ne veulent pas
comprendre.

Dans le public, les gens qui ne veulent pas comprendre
sont heureusement peu nombreux. Ce sont surtout des
collectionneurs ; il n'y a donc pas lieu d'examiner bien longuement leur cas particulier ; les collectionneurs d'objets
d'art ne s'attachent de préférence aux objets anciens qu'à
cause de leur rareté et de leur prix élevé ; je les classe donc
parmi les commerçants, puisqu'ils n'achètent en général un
objet coûteux qu'avec l'arrière-pensée de le revendre un
jour plus cher que le prix d'achat. L'amateur éclairé voulant
posséder des œuvres belles et précieuses pour son plaisir, et

capable d'en reconnaître et d'en aimer les qualités d'art, tel
le duc de Luynes, par exemple, aujourd'hui se fait rare.
La manie des autres s'est caractérisée au fur et à mesure que
les antiquités authentiques devenaient plus introuvables, et
elle s'exerce enfin la plupart du temps sur des contrefaçons
qui font banque suivant que l'origine est plus ou moins
prouvée. Les Goncourt ont instruit le procès du collection-
neur en deux phrases : « J'ai rarement vu à un amateur
l'air amusé par l'art d'une chose. Tous me rappellent un
peu celui-là qui passait sa vie à étudier des dessins ; il n'en
avait jamais vu un, il ne regardait que les marques. »
« ...Il y a des collections d'objets d'art qui ne montrent ni
un goût, ni une intelligence, rien que la victoire brutale de
la richesse. »

Il reste la grande majorité des gens qui ne savent pas et
ont pris goût par ignorance aux antiquités vraies ou copiées.
Pourquoi aiment-ils les choses anciennes, ceux qui entre
deux meubles du temps de Louis XV, authentiques, luxueux,
mais d'une qualité d'art inégale, ne sauront pas distinguer
un beau Louis XV d'un Louis XV médiocre ? (A toutes les
époques il y eut de mauvais ouvriers). Le public ne sait pas
voir ; il peut avoir étudié, avoir beaucoup lu ; les écrivains
dont il a lu les ouvrages ne lui ont pas dit ce qu'il fallait
lui dire. On lui a appris l'histoire de l'art mobilier au lieu
du sentiment de l'art mobilier, ou même les principaux préceptes donnés par ceux qui possèdent ce sentiment. Il sait
reconnaître d'une façon générale le décor d'un meuble

Louis XIV ou d'un meuble Louis XVI, mais s'il pouvait sentir pourquoi un meuble a de belles proportions, pourquoi ses sculptures ont du style, pourquoi les assemblages en sont ingénieux et solidement établis, pourquoi les matériaux sont bien choisis, il comprendrait aussi qu'il y a et aura en tous temps des ouvriers capables de satisfaire à toutes ces conditions. Le public ne demande qu'à se laisser guider. Il a aimé les antiquités parce qu'on lui a enseigné qu'il fallait les aimer ; pour lui, la vérité et la loi c'est la parole imprimée, et si de nombreux ouvrages d'art ont contribué à répandre une demi-connaissance des styles anciens, il n'en existe guère qui défendent et propagent les idées nouvelles. C'est donc là que doivent tendre les efforts des écrivains d'art. Il est illogique, expliquons-le à tous, il est ridicule de chercher à vivre la vie actuelle dans le décor archéologique ; les harmonies de formes et de couleurs dont on aime à égayer tous les moments de l'existence, qu'on les demande aux artistes d'aujourd'hui. Aussi bien que les artisans des siècles passés, ceux d'aujourd'hui peuvent répondre à des désirs légitimes. Répétons cela souvent, dans des articles, dans des conférences, dans des livres ; organisons des expositions, ouvrons un magasin-type, et qu'une vitrine offre au public qui passe l'occasion fréquemment renouvelée de regarder. A force de regarder, il apprendra à voir ; et sans cesse deviendra plus nombreux le petit groupe des fidèles à l'art nouveau.

Alors le goût du public ayant changé, les marchands seront bien obligés de modifier aussi leurs marchandises. J'entends déjà les lamentations de tout un groupe de commerçants, ceux qui fabriquent en grand nombre ces objets de faux luxe archéologique et prétentieux : les bronzes du Marais, la céramique de la rue de Paradis, les meubles du quartier Saint-Antoine ; tous les margotteurs, recopieurs et rabâcheurs de styles. C'est si commode, et si économique, au lieu de commander des modèles à des artistes, de les trouver tout faits au musée de Sèvres ou au Garde-meuble. Le pillage des musées d'antiquités n'est même plus nécessaire. Toute fabrique de mobiliers possède une bibliothèque et un dessinateur. Vous voulez une crédence Henri II : le dessinateur prend son crayon et son papier ; en un tour de main le modèle est esquissé. Il a dans la tête une bonne petite routine et un certain nombre de lieux communs architecturaux qui trouvent toujours leur emploi; s'il se trouve à court de mémoire, il prend quelques volumes, quelques gravures, et puise tout ce qu'il faut, une frise, une rosace, une moulure, un bas-relief de Jean Goujon, la console n° 3 et la colonnette n° 21. Le dessin livré aux contre-maîtres est exécuté rapidement.

Si de l'industrie du meuble nous passons à une autre industrie quelconque, nous voyons que les lustres et les lanternes de Versailles, les landiers du Musée de Cluny, s'accommodent et se plient aux plus variés usages du bronze et de la ferronnerie ; les vaisselles anciennes de Strasbourg, de Nevers et de Sèvres alimentent de modèles tout le moyen commerce de la faïence et de la porcelaine ; l'orfèvrerie de Meissonnier est surmoulée telle quelle.

Le jour où les industriels devront, sous peine de voir le public oublier leurs magasins, renoncer aux copies et aux surmoulages, établir des modèles originaux, il leur faudra pour les établir se résoudre à des sacrifices d'argent : et voilà où le bât les blesse. La crainte d'une diminution, même légère, dans leurs bénéfices, leur fait désirer que la mode archéologique subsiste encore le plus longtemps possible, et inconsciemment ils arrivent à considérer comme des ennemis acharnés après eux les artistes qui cherchent la nouveauté, les écrivains qui encouragent les recherches, les hommes qu'ils devraient au contraire appeler au secours, et qui les aideraient à s'affranchir de leurs préjugés et de leurs routines.

Ils préfèrent lutter contre un courant qu'ils ne peuvent arrêter, en attendant qu'ils le suivent à leur tour. Ils répètent et cherchent à persuader au public que le mouvement d'évolution des industries d'art n'existe pas, qu'il n'a rien été fait de nouveau, que toute tentative a piteusement avorté et que rien de beau n'est possible dans l'art mobilier en dehors des styles anciens classés et étiquetés.

L'influence de ces commerçants, souvent prépondérante en raison de leur nombre dans les expositions, se fait sentir aussi très fâcheusement dans l'enseignement des écoles professionnelles, et dans l'administration de l'Union centrale des arts décoratifs.

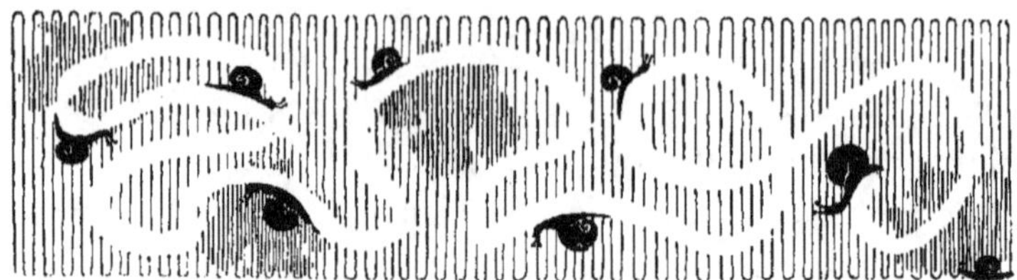

III

Cette influence est si grande que la Commission officielle des achats pour le compte de l'Etat ne s'en défend pas toujours. Croirait-on que la plupart des objets d'art qui figurent au Luxembourg furent achetés, non pas au Salon du Champ-de-Mars ou à quelque autre Salon, mais à l'Exposition des Arts de la femme, y compris la Gallia, travail imité de la Renaissance, qui me paraît on ne peut plus déplacée dans une réunion d'objets d'art moderne.

Ce détail a son importance : et je ne m'étonne pas que deux artistes très connus (tous deux membres de l'Institut) aient protesté et menacé à cette époque le directeur des beaux-arts d'une interpellation. Les expositions organisées chaque année au Palais de l'Industrie par l'Union des arts décoratifs ne sauraient dépendre que du ministère du commerce, et il est regrettable qu'une partie du budget des beaux-arts, soit plus ou moins directement détournée de sa destination et aille encourager ces expositions exclusivement commerciales.

Certes, je suis d'avis que les artistes viennent à l'industrie, mais qu'ils soient confondus avec des industriels dont les tendances sont opposées, hostiles même, cela ne saurait être admis. Cette assimilation a été tentée à Anvers, j'y vois un véritable détournement. Qu'auraient dit les peintres si on avait pris un tableau pour servir d'enseigne aux exposants marchands de couleur ? Ils auraient protesté avec énergie. Ma comparaison n'a rien d'exagéré. On a détourné des objets d'art modernes pour les juger au milieu des margottages exposés par les faiseurs de styles du Marais. Ces industriels comptaient ainsi corser leur exposition, la rendre intéressante, et en profiter pour récolter tous les avantages possibles. N'espère-t-on pas ainsi dérouter le public et décourager les artistes novateurs en leur infligeant la publicité d'une assimilation injurieuse ?

On le croirait vraiment.

IV

Dans les écoles professionnelles, les commerçants veillent à ce que les élèves ignorent toute innovation. Comme il faut bien employer le temps à quelque chose, le programme est assez chargé, mais des matières à côté de l'industrie désignée. On se garde bien de donner aux élèves quelques principes généraux destinés à développer chez eux le sentiment de l'art libre et le bon sens en décoration. Par contre, on leur enseigne la géométrie, dont ils n'ont que faire ; la technologie — technologie, qu'est-ce que cela peut bien être ? — et naturellement par-dessus tout l'histoire des styles. Si le programme de l'école Boulle, que j'ai sous les yeux, est suivi rigoureusement, je me range absolument à l'avis de Carabin, et pense que les élèves de l'école Boulle en sortent imbus des styles anciens, avec une habileté manuelle suffisante pour continuer la fabrication routinière du faubourg. Est-il nécessaire d'étudier en détail toutes les écoles professionnelles ? Évidemment non ; ce doit être à peu près partout de même. L'école Estienne a couvert les murs de Paris, ce mois dernier, d'affiches annonçant l'ouverture de ses cours. Il fallait voir la composition et les caractères de cette affiche imprimée dans l'école même ; et n'est-il pas plaisant, au moment où l'industrie privée commence à produire des affiches qui sont de véritables œuvres d'art même dans leur typographie, de voir l'école professionnelle Estienne imprimer une affiche que le dernier imprimeur de quartier n'aurait pas voulu signer ?

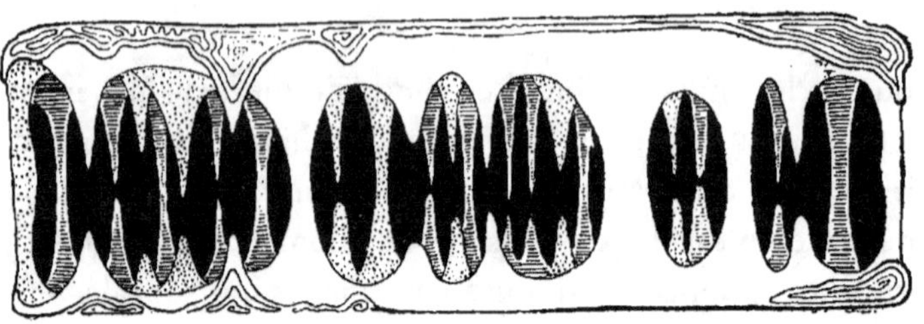

V

Il apparaît clairement que toutes les fois que la production artistique d'une époque s'est présentée avec une tenue d'ensemble, des rapports immédiatement compréhensibles, constituant ce qu'on appelle le style de cette époque, cette unité a été imposée par un seul homme : artiste de génie, prince ou favorite dont le goût dirigeait la mode. Si l'on considère que les styles anciens successifs ne sont pas autre chose, pour ne parler que des trois derniers siècles, que la mode imposée par Henry II, la mode Louis XIV, ou Louis XV, on pensera qu'aujourd'hui, après tant de modifications politiques et sociales, de progrès scientifiques et philosophiques, personne ne saurait avoir assez d'autorité pour imposer des formules artistiques à toute une génération d'hommes et on comprendra pourquoi, pendant une longue suite de siècles, tant d'imagination s'est appliquée, si féconde en résultats, à varier et à perfectionner les objets d'art mobilier. A chaque époque, la production de l'époque précédente était reconnue ridicule et démodée, mise au rancart, les vieux meubles avec les vieux habits. Est-il besoin de rappeler que depuis la Renaissance jusqu'à notre siècle, l'art gothique fut considéré comme le résultat de la dépravation du goût et de l'ignorance technique de nos ancêtres? Ce mépris injuste du passé avait du bon, puisqu'il stimulait l'ingéniosité des artistes. Au moment même où l'on revient à une plus saine appréciation des antiquités, l'évolution artistique subit un temps d'arrêt. L'école romantique rend justice à l'art gothique et tout à coup un revirement se dessine. Victor Hugo et Viollet-le-Duc ressuscitent le moyen âge en plein XIXᵉ siècle ; l'enthousiasme du public ne connaît pas de bornes. Il faut dire que Viollet-le-Duc et Victor Hugo ont fait à l'art français un mal dont on ne connaît pas encore toute l'étendue et la gravité ; d'autres écrivains illustres viennent ensuite, qui remettent en honneur successivement la Renaissance, le XVIIᵉ siècle et le XVIIIᵉ siècle ; l'erreur propagée par des hommes de grand talent s'accrédite ; et la raison en est fort simple : le culte que ces hommes professent pour les souvenirs du passé vient de l'idée philosophique et de l'intérêt historique attachés à certains objets d'art ; ils savent aussi discerner dans l'héritage des artistes anciens ce qui est beau de ce qui est mauvais. Le public, lui, ne fait aucune distinction ; on a négligé de lui dire ce qui était absolument essentiel : admire cet objet qui est beau, —

malgré son antiquité. — Il s'est empressé de conclure après avoir vu sans comprendre : cet objet est beau *parce qu'*il est ancien. Et enfin : tout ce qui est ancien est beau. Oui ! en Europe et en Chine, l'antiquité d'un objet ou seulement l'apparence d'antiquité fait seule la valeur de cet objet le plus souvent ; ce qui est parfaitement idiot : la rouille, l'usure, la malpropreté sont-elles des qualités d'art ?

Dès lors, pour répondre à la demande du public, depuis le jour où il s'est généralement montré imbu de tels principes, les artisans n'avaient plus à dépenser aucun frais d'imagination. Les collections d'archéologie ouvertes çà et là fournirent tous les modèles nécessaires à l'industrie. Le musée de Cluny, où pour quelques douzaines de merveilles on trouve des centaines d'horreurs qui ne sont qu'anciennes, fut une mine inépuisable.

VI

Quelques bons esprits songèrent à réagir. Un certain nombre d'idées furent mises en avant, des flots d'encre coulèrent; une société se fonda qui semblait animée des intentions les plus louables. Après vingt années d'expériences cette société n'a fait que du mal, elle est complètement discréditée et s'en aperçoit elle-même, puisqu'elle déclare qu'elle va changer du tout au tout sa manière d'être. Je n'ai pas à refaire ici l'histoire de l'Union centrale des Arts décoratifs, comment elle fut constituée par fusion avec l'Union centrale des Beaux-Arts appliqués à l'industrie, tout cela est connu; je ne veux pas non plus insister sur certaines polémiques qui firent tapage lors de la fameuse loterie, ce qu'il importe seulement d'indiquer dans ce rapide résumé de la question des industries d'art, c'est que, jusqu'à présent, l'Union centrale a été précisément contre le but qu'elle s'était proposé. Elle devait stimuler par tous les moyens le progrès des métiers d'art et n'a aidé qu'à continuer et à répandre le malentendu archéologique. Son musée, dont elle tire vanité, eût été dangereux s'il avait eu des visiteurs; elle a dit aux ouvriers: «Je suis l'académie du goût, venez

voir ma petite collection, voilà ce qui est beau ! » Les ouvriers ne sont pas venus, ils ont déjà le musée de Cluny,
le musée des arts décoratifs fait double emploi ; car —
étrange logique ! — ce musée, destiné à encourager l'art
moderne, ne contient guère que des antiquités. La plupart
des objets d'art moderne proviennent de dons et c'est à
des bibelots anciens que l'Union a consacré la presque tota-
lité de ses fonds. Et comment en serait-il autrement ? Le
conseil est composé d'industriels et de collectionneurs ;
tous ces commerçants n'ont pas d'intérêt personnel à ce
que le goût du public soit promptement modifié, au contraire, ils ont dû voter la mort dans l'âme les résolutions du
dernier Congrès (1) et ne peuvent, en somme, que déplorer
tout changement à l'état de choses actuel, dont ils ont déjà
tiré et espéraient tirer encore profit et honneur. La manie
des antiquités et de l'imitation des antiquités, comment la
combattraient-ils, puisqu'ils en vivent ? Dès lors, pourquoi
ont-ils voté ? Il y a deux suppositions vraisemblables : Ou
bien ils ont pressenti que le mouvement nouveau commencé en dehors d'eux par les artistes serait plus fort qu'eux,
et ils se disposent, ne pouvant l'arrêter, à le suivre, en
attendant qu'ils se vantent de l'avoir préparé ; ou bien ils
ont réellement compris que notre époque avait droit à une
production d'art ornemental nouvelle, répondant aux
idées générales et aux exigences de la vie moderne,

(1) Consulter le compte rendu officiel du Congrès des Arts décoratifs.

qu'il leur fallait enfin abandonner les pastiches des styles anciens et employer leur argent et leur influence à protéger les artistes modernes. Si cette dernière hypothèse est la bonne, si les résolutions de l'Union centrale sont sincères, — et nous le saurons dans peu de mois, — le rôle des artistes et des écrivains sera tout tracé : ils devront aider de toutes leurs forces une société décidée à faire désormais un meilleur usage de ses millions pour le bien général de l'art. Au besoin, qu'ils s'imposent un léger sacrifice et viennent à l'Union en assez grand nombre pour imposer leur volonté et obliger le conseil à réaliser plus promptement les réformes promises.

Le conseil et les jurys des concours seraient modifiés, c'est évidemment nécessaire. L'orfèvre qui a cherché à détourner des objets d'art comme étant indignes de lui, un grand artiste, à la fois sculpteur, forgeron et ciseleur du plus haut mérite, a donné en maintes circonstances la mesure de sa compréhension de l'art moderne. Le jury, qui dans le concours de reliure a primé un projet indépendant de toute routine, mais en rechignant et en consignant au procès-verbal ses regrets de récompenser un projet qui n'était pas conforme à la tradition, ce jury a fait ses preuves également. Et si le dernier concours (une étoffe de tenture) a été mieux jugé c'est grâce à l'énergie d'hommes tels que Frantz Jourdain et Grasset qui ont combattu comme il convenait pour la bonne cause contre la routine.

S'il est possible que les artistes prennent à l'Union centrale la place prépondérante, alors je crois qu'elle aura une heureuse influence; jusqu'ici entre les mains des industriels, elle n'a pu servir que des intérêts particuliers.

Cette question exigerait sans doute de longs développements, je suis forcé d'abréger :

En continuant à attaquer l'Union comme on fait depuis quelque temps avec persévérance et méthode, on la détruira, c'est certain. Pourtant l'Union, avec les millions qu'elle a en caisse, est une force qu'il serait bon d'utiliser; elle vient de prendre des engagements, voyons si elle les tiendra; voyons surtout si les industriels du conseil sont disposés à appeler parmi eux les artistes et à leur céder les premiers rôles. Comme M. Falize, je sais qu'il faut des chefs d'orchestre dans les industries d'art, — oui, mais les industriels ne peuvent pas être ces chefs d'orchestre ; qu'ils soient seulement instrumentistes.

Enfin je crois fermement que les artistes seuls espèrent une rénovation de l'objet d'art ; les commerçants redoutent un revirement dans le goût du public, qui les obligerait à de gros sacrifices d'argent.

Les membres actuels du conseil de l'Union centrale peuvent juger nécessaires les réformes que nous attendons, ils ne peuvent pas en souhaiter la réalisation immédiate. Quel est celui d'entre eux qui n'hésiterait pas devant les sacrifices nécessaires ? Si l'Union ne modifie pas complètement son personnel, nous devons donc nous défier de la sincérité de ses résolutions.

VII

Le dernier Congrès des arts décoratifs a agité, sans y apporter de solution pratique, deux questions intéressantes. D'abord la propriété des objets d'art : Voilà une question dont je me suis maintes fois préoccupé ; elle est d'une complexité inouïe. Ayant vécu dès l'enfance au milieu des ouvriers d'art, j'ai eu souvent l'occasion de voir des négociants trop empressés à s'approprier les idées d'autrui. Les brevets, dépôts légaux, etc., qui protègent tant bien que mal les inventions ou perfectionnements industriels, coûtent trop cher pour un artisan et sont souvent inapplicables à des objets d'art, dont la forme ou la décoration constituent la nouveauté. Au moment de la première exposition du Champ-de-Mars, j'avais rédigé à ce sujet un certain nombre d'observations ; n'écrivant dans aucun journal à cette époque, je les avais remises à un ami en le priant d'attirer l'attention des intéressés ; mais cet ami, le regretté Edmond Bazire, est mort sans avoir, préoccupé qu'il était d'une foule d'autres problèmes, écrit une seule ligne sur la propriété des objets d'art.

Cette question étant plus que jamais à l'ordre du jour maintenant, je me suis adressé à la bonne volonté de membres éminents du barreau de Paris, et j'espère que leur réponse ne se fera pas trop attendre.

Il me semble que le Congrès des arts décoratifs, quand il s'en est occupé (7ᵉ question), n'avait qu'à suivre les indications de M. Pouillet : considérant que la loi de 1793 sur la propriété artistique et littéraire est applicable aux objets d'art, confectionner un petit texte additionnel et charger M. G. Berger de le porter à la Chambre dans le plus bref délai. Mais le Congrès s'est surtout occupé à démontrer que la photographie est un art ; puis, sur le fond même de la question, a simplement *émis le vœu qu'il soit fait appel aux pouvoirs publics* (c'est bien joli !) pour que la loi de 1793 soit appliquée aux objets d'art, et enfin il a conseillé aux artistes et aux fabricants l'emploi d'un modèle de reçu qui garantit les droits des industriels et des éditeurs sur les objets d'art, mais pas du tout ceux des artistes. Il fallait s'y attendre.

Dans une autre séance, le Congrès a examiné la question de la signature des collaborateurs...

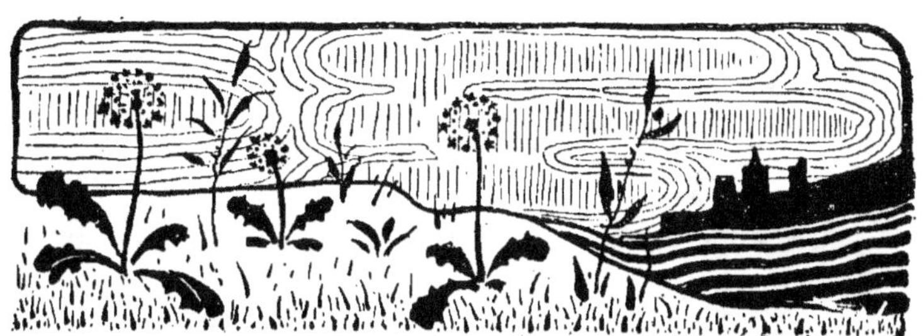

VIII

Le droit, pour les auteurs d'un objet d'art mis en vente dans le commerce, de signer cet objet, a donné lieu à une discussion assez vive; après comme avant le Congrès, les avis sur ce point restent très partagés. La discussion continue, des monceaux de papier sont noircis pour éclaircir l'affaire... assez inutilement.

Des écrivains de grand mérite ont appuyé les revendications de quelques syndicats d'artistes décorateurs ; pour moi, je ne crois pas que la cause qu'ils plaident soit bien digne de tant de bruit. — Tout d'abord, que demandent les plaignants ? — « Nous sommes, disent-ils, mal partagés et tout le monde est injuste à notre égard ; tandis que les artistes peintres et sculpteurs exposants aux Salons annuels sont constamment mis en rapport direct avec le public, ont toutes facilités pour se faire un nom, se créer *une personnalité* (!), nous, nous sommes tenus dans l'ombre ;

quand nous avons réalisé une œuvre, c'est l'industriel, l'éditeur qui nous l'a commandée, qui seul la signe.

— « En effet, Messieurs, le sort est cruel envers vous ; mais veuillez croire que les choses se passent de même exactement chez ces peintres et ces sculpteurs dont vous semblez jaloux. Combien d'entre eux sont obligés de travailler moyennant un salaire quotidien chez des confrères plus fortunés ? J'en connais beaucoup, et des hommes de grand talent, qui ont dû passer par là ; jamais je n'en ai entendu un se plaindre de n'avoir pu signer ce qu'il avait exécuté pour le compte de son patron ; mais tous, une fois le pain assuré par un travail accepté sans maussaderie, rentraient chez eux et travaillaient pour leur propre compte : les heures de loisir et les jours de congé étaient consacrés à l'œuvre, l'œuvre originale, personnelle, dont personne ne leur contesterait jamais la paternité ! Imitez cet exemple, et puisque vous croyez à l'utilité du Salon, rien ne vous empêche d'y exposer.

Croyez-le bien, tous les artistes ont leurs peines ; à l'envi on proclame l'égalité de tous, quelle que soit la matière employée et le but désiré par chacun ; véritablement égaux, tous ils ont leur part des douleurs et des désillusions ; mais en revanche ils ont part aussi à la joie et à l'orgueil de l'œuvre accomplie. L'ouvrier véritablement amoureux de la matière transformée dans ses mains, qu'il en fasse un Dieu, une table ou une cuvette, est déjà récompensé par le plaisir qu'il ressent à dompter une matière qu'il aime et qu'il contraint à revêtir la forme imaginée. Qu'importe alors la signature ?... Qu'on veuille bien y penser, la plupart des objets d'art, même les plus précieux, conservés dans nos musées sont anonymes. Aujourd'hui encore je connais des artistes et non des moindres, qui négligent souvent de signer des œuvres honorables ; quand ils écrivent sur quelque travail leur nom, c'est presque toujours à regret, et sur la prière instante de l'acheteur...

Mais ce sont là considérations d'ordre sentimental ; les artistes industriels ne cherchent pas ainsi midi à quatorze heures ; pour eux le droit de signer est indiscutable et ils espèrent en jouir librement le plus tôt possible. M. Maurice Barrès se range à leur avis. Deux peintres verriers sont venus le trouver et lui ont fait leurs doléances : « Hélas ! disent-ils, nous travaillons pour des patrons qui substituent leurs noms aux nôtres ; nous n'avons pas de personnalité ! on nous vole notre personnalité ! » — « Votre personnalité ! a répondu Barrès. Eh quoi ! mes amis, vous n'avez pas le plus petit *moi* à cultiver ! c'est affreux ! La publicité de mon journal vous est acquise ; et je vous prête les locaux tous les dimanches de deux heures à quatre heures, pour tenir réunions, organiser syndicats, et prendre telles mesures énergiques que comporte la situation. »

L'auteur du « Jardin de Bérénice » et de « l'Homme libre » est un des cerveaux les mieux organisés, également un des écrivains les plus délicats de notre génération ; je le sais observateur judicieux et sage analyste ; et c'est presque à regret que j'exprime une opinion toute différente de la sienne. Mais dans la question particulière et si complexe des industries d'art, je crains qu'il ne soit pas suffisamment informé. Les syndicats dont il patronne la formation, je ne comprends pas jusqu'à présent quelle action efficace ils pourront avoir, et je prévois, par contre, de nombreux dangers ; je me demande donc si notre éminent confrère ne s'est pas trop empressé d'accueillir les réclamations de MM. Laumonnerie et Couliet. Quoi qu'il en soit, il est plaisant de voir les peintres-verriers prendre l'initiative d'un mouvement de prétendue émancipation, puisqu'il n'est guère d'exemple que les peintres-verriers aient fait plus que décalquer des cartons fournis par d'autres artistes.

Mieux que personne, M. Arthur Maillet, dans sa vaillante revue, l'*Art décoratif moderne*, formule les desiderata des artistes de l'industrie. Il demande le droit de signer, non seulement pour l'ouvrier qui a exécuté seul un modèle et l'a complètement achevé (ce qui est excessivement rare), mais pour les différents collaborateurs à un travail qui a nécessité le concours de plusieurs artistes. Les complications commencent ; certains objets d'art passent par tant de mains différentes, qu'on devrait alors, pour ne léser personne, y graver des listes comme sur la colonne de Juillet. Il faudra donc faire une sélection, et choisir seulement les collaborateurs principaux ou les collaborateurs-artistes.

Collaborateurs-artistes ! j'ai lu ce mot composé, je l'ai entendu prononcer, il me laisse rêveur. Pour une pièce d'orfèvrerie, par exemple, les collaborateurs-artistes sont, sans doute, le dessinateur d'abord, puis le sculpteur-modeleur, c'est-à-dire des hommes doués d'une certaine habileté de main, connaissant « leurs styles » et du reste puisant dans les vieilles estampes, dans les traités d'archéologie, et dans les vitrines des musées tout ce qu'il faut pour établir un modèle imitant l'ancien de façon à ne tromper personne ; c'est peut-être le ciseleur, le plus routinier de tous les artisans, rompu dès l'apprentissage à des pratiques d'outils ridicules, à des manières conventionnelles d'interpréter les ornements, les fruits, les fleurs, *le grain de peau,* à l'abus désolant d'un certain nombre de poinçons numérotés chez les quincailliers du Marais pour mater les métaux en grenus, en sablés, en rayés, etc...

Il n'y a pas de collaborateurs-artistes...

A preuve qu'Arthur Maillet, cherchant un exemple typique de collaboration ne trouve que « la Gallia » le buste exposé au Luxembourg. Cette Gallia, dont on a trop parlé, a beau être exécutée en argent et en or, comme sculpture c'est absolument sans intérêt ; nous autres, nous appelons cela « un navet ».

De la tête en ivoire, je n'ai rien à dire qui ne soit déjà

archiconnu. C'est de l'arrangement que l'orfèvre a imaginé pour utiliser cette tête que je m'occupe. Eh bien ! l'ajustement assez mesquin de la draperie et de la cuirasse, du casque bien « classique » l'exécution de la ciselure banale, conventionnelle (on croirait d'un prix Crozatier), rien dans ce buste ne témoigne d'une originalité quelconque et n'appelle la signature de l'ouvrier ; pas même la damasquinure du casque : un simple rinceau de typographie très quelconque et très Renaissance. Gauvain est à peu près le seul homme en ce siècle qui ait possédé tous les secrets de cet art merveilleux : le damasquinage ; mais ce n'est pas le casque de la Gallia qui l'a prouvé.

Il n'y a pas de collaborateurs-artistes.

La question de la signature des objets d'art passe pour une question capitale. J'avoue qu'après l'avoir examinée en conscience sous toutes ses faces et après avoir recueilli les témoignages les plus contradictoires, je l'estime absolument insignifiante au fond. Etant donné le bruit déjà fait, et les hommes de valeur qui ont paru s'en occuper, j'ai dû m'y arrêter, à regret, car la discussion sur ce sujet a déjà duré trop longtemps, elle est inutile et peut devenir dangereuse.

On devrait toujours repousser toute discussion, toute résolution tendant à maintenir une classification, une hiérarchie établie entre les artistes. Il n'y a pas lieu de syndiquer les artistes décorateurs, puisqu'en admettant la nécessité des Sociétés artistiques, il en existe déjà plusieurs où les artistes décorateurs sont libres d'entrer. Il ne s'agit surtout pas de les syndiquer en vue d'obtenir des réformes dans le genre de la signature des objets d'art.

Dans l'état actuel de notre industrie, jugerait-on admissible que la signature des collaborateurs, même des principaux collaborateurs, atteste leur part d'*invention*, puisqu'il n'y a pas d'invention ? puisque les objets d'art industriel, aussi bien ceux de l'orfèvrerie que du bronze, du meuble, etc., étant tous des imitations plus ou moins approchées et plus ou moins heureuses des styles anciens, ne sont que des margottages. Qu'une soupière d'argent imitée de l'orfèvrerie de Meissonnier, porte le nom de l'orfèvre suivi des noms des différents ouvriers qui s'en sont rendus coupables, vraiment ce serait par trop plaisant. Est-ce qu'un peintre de costumes qui aurait copié au Louvre un tableau connu, puis le donnerait comme sien et le signerait sans ajouter la mention : copié d'après Un tel..., ne serait pas surtout ridicule ? Cette comparaison est pourtant bien faible ; pour être plus près de la vérité, je devrais imaginer une maison de commerce, une entreprise de copies, où l'on fabriquerait de faux vieux tableaux d'après Rembrandt ou Titien, ou quelque autre maître aussi reconnaissable ; ces pastiches seraient, dans un but d'économie de temps et d'argent, confiés à plusieurs artistes ayant chacun leur spécialité ; et si l'entrepreneur signait ces pastiches, non pas, bien entendu, du nom de Rembrandt ou de Titien, mais de sa marque de fabrique, voilà tous les collaborateursplagiaires protestant contre cette injustice et revendiquant le droit de signer en commun leurs méfaits. C'est tout simplement comique.

Non ! MM. les sculpteurs, modeleurs, ciseleurs, peintres-verriers, ébénistes, etc., tant que vous travaillerez à des objets DE STYLE, tant que vous copierez servilement, tant que vous mettrez au pillage le musée de Cluny, le garde-meuble, Sèvres ou autre musée, votre prétention de signer vos œuvres ne saurait être prise au sérieux. Mais que l'un d'entre vous produise un objet vraiment original, nouveau comme idée et comme exécution, une véritable œuvre d'art, alors il n'aura pas à craindre qu'un patron substitue sa signature à la sienne, car il peut être certain (Arthur Maillet ici partagera mon avis), il peut être certain qu'aucun patron ne comprendra cet objet et ne voudra l'acquérir. Malheureusement, ce que demandent les artistes de l'industrie, ce n'est pas le droit incontestable de signer des œuvres de mérite qu'ils sont libres de présenter eux-mêmes au public dans les expositions ; ce qu'ils veulent, c'est apposer leurs signatures sur les prétendus objets d'art (combien médiocres !) de la fabrication courante ; c'est répandre leurs noms autrement qu'en les écrivant sur les murs. Oh ! la vanité ! Quant aux autres questions, les plus graves, celles-là, la propriété artistique, les droits d'auteurs, la réforme de l'enseignement professionnel .., on s'en occupera plus tard, si on a le temps.

En d'autres termes, si dans cette question de la signature

des ouvriers d'art, j'avais vu des intérêts sérieux en jeu, si j'avais vu, par exemple, au fond des réclamations des ouvriers, une question de salaire, sans doute j'aurais pris parti contre les patrons. Mais comme, en général, les ouvriers des industries d'art ne se plaignent pas d'une insuffisance de salaires, j'y vois seulement une question de vanité peu justifiée, et je regrette que cette question serve de prétexte à la création de nouveaux syndicats d'ouvriers d'art.

Je ne puis m'empêcher de crier : gare ! à M. Maurice Barrès, à M. Arthur Maillet et à tous ceux de nos confrères qui prêteraient à ces entreprises l'appui de leur autorité et de leur talent. Tout nouveau syndicat va creuser davantage le fossé, accentuer les différences entre les artisans et les artistes, classification injuste et surannée que tous nos efforts tendent à faire disparaître.

Je crains que M. Arthur Maillet, après avoir mené à ses risques et périls, courageusement, de très intéressantes campagnes qui lui valent dans la presse artistique de vives et nombreuses sympathies, ne se laisse aujourd'hui induire en erreur ; et, croyant défendre utilement les intérêts qui lui sont chers des artistes de l'industrie, ne fasse le jeu inconsciemment de certains ambitieux. Ceux-ci, dans les syndicats anciens et nouveaux, espèrent occuper une place prépondérante et, à la faveur de bruyants projets d'émancipation, comptent se créer une popularité pour faire entendre enfin, au moment opportun, quelques revendications personnelles.

§⬤

La question de la signature, réduite à ces justes proportions, est toute politique ; parmi les confrères qui ne
partagent pas mon opinion et m'ont fait l'honneur de la
réfuter, M. Paul Lagarde a écrit l'article le plus complet.
Voici cet article paru dans *la Cocarde* qui était en ce
moment l'organe officiel de la fédération des ouvriers d'art.

« Dans le *Journal des Artistes*, M. Henry Nocq avec
courtoisie tance *la Cocarde*. Il lui reproche sa sensiblerie
à l'endroit des ouvriers d'art. On mène trop grand bruit,
selon notre confrère, autour des revendications de ceux-ci.
Il n'y a là, pour lui, qu'un vif désir de satisfaction d'amour-
propre, l'exaspération de quelques vanités déçues, le besoin
de gloriole qui se traduit d'ordinaire par le désir des prix
et des petits rubans. Aussi raille-t-il Barrès et la Fédération
à laquelle, pour quelques jours, nous avons donné l'hospi-
talité. Le malheur c'est qu'il soit imparfaitement informé.
« Selon M. H. Nocq, l'unique préoccupation des ouvriers
d'art, celle qui les pousse à se resserrer, le but même de
leur union, dont l'initiative fut prise ici même par les
peintres-verriers, c'est d'obtenir de signer les œuvres auxquelles ils collaborent. Cette satisfaction obtenue, tous se
tiendraient pour heureux, et ne demanderaient rien de plus.
Et M. Nocq de rire.
« Eh ! quoi, est-ce donc là ce gros abus à propos duquel

vous vous récriez si fort ? Mais il existe partout, dans notre société. Peintres et sculpteurs, eux aussi, travaillent souvent pour des confrères, et en recevant leur salaire renoncent à leur signature. Pourquoi nous montrer sur une question d'art plus susceptibles que des artistes, alors que vous ne l'êtes pas vous-mêmes. Car, quoi qu'on en dise — ici M. Nocq devient très affirmatif, — il n'y a pas de « collaborateurs-artistes », c'est par vanité que les ouvriers d'art ont pris ce nom, ils ne sont que des copistes plus ou moins ingénieux, des arrangeurs et non des créateurs. A quoi bon une signature sur un objet qui ne révèle en ceux qui le firent qu'un certain tour de main et la connaissance de quelques musées et bibliothèques ? Conçoit-on un copiste de Rembrandt ou du Titien émettant la prétention de signer ses plagiats ? C'est tout simplement comique.

§☙

« Il est des esprits qui, par des préjugés personnels, se satisfont de la conclusion de M. Henry Nocq. Mais vraiment ils doivent s'étonner de ses arguments.

« Notre confrère tout d'abord reproche aux ouvriers d'art de se plaindre avec bruit d'un mal qui est général. Et à ce propos il cite des exemples. Nous en pourrions ajouter à sa liste. Dans la littérature aussi, il est des trafiquants. On sait des hommes de théâtre passant pour bien connaître les « ficelles » du métier, ayant l'oreille des directeurs et qui, obligeamment, consentent, pour la faire jouer, à signer une pièce qu'ils n'ont point faite, à la condition d'en toucher seuls les droits d'auteur.

Mais, de ce que le mal est général, doit-on conclure à la résignation ? le temple est envahi par les marchands, doit-on poliment leur laisser la place ? Ce serait par trop commode pour les spéculateurs de tous ordres. Les ouvriers d'art se révoltent contre un état de choses qui les déprime, les empêche de donner la vie aux rêves qu'ils portent en eux, les rabaisse de plus en plus au rôle de manœuvres, les condamne à ces machinales copies que M. Nocq leur reproche. Ils font œuvre d'hommes libres, leur cause est à la fois juste et noble puisqu'il s'agit de leurs propres intérêts et de ceux de *l'art lui-même* ; c'est ce qui leur vaut tant de sympathies, c'est ce qui fait qu'ils vaincront.

Quoi que notre confrère en pense, les artisans peuvent faire œuvre d'artistes et, chose curieuse, c'est sur ce point M. Nocq lui-même qui, pour beaucoup, a fortifié mon sentiment par son intéressante enquête sur l'évolution des industries d'art.

De cette enquête ressort avec netteté l'influence du commerce sur l'art, ce fait même que la décoration moderne n'a point de style qui lui soit propre, que les innovations des hommes qui s'y adonnent sont impitoyablement repoussées par les marchands, soucieux avant tout de vendre, c'est-à-dire de se conformer au goût du public, à la médio crité. Les artistes, obligés de subir une formule, ne peuvent imposer leur idéal. Cependant il leur faut vivre et ils acceptent des besognes, ils confectionnent des copies qu'ils méprisent et qu'ils ne demandent nullement le droit de signer, comme le croit notre confrère. Au reste, le *Journal des Artistes* lui-même a bien voulu reproduire quelques lignes d'un article où je disais exactement ces choses que M. Nocq n'ignore point. Son enquête les lui a dû suggérer.

Pourtant, il met une étonnante passion dans ses attaques contre ce qu'il appelle la vanité des ouvriers d'art, et quand il dit qu'il n'y a pas de collaborateurs-artistes, il va jusqu'à l'inexactitude sinon une certaine injustice.

Qui oserait sérieusement nier que même lorsqu'il ne s'agit que d'exécution, d'interprétation, il y a là véritable œuvre d'art où la personnalité de l'homme apparaît, ses façons de sentir et de comprendre, les qualités de son esprit et de son cœur. Sarasate, Diémer, ne seraient-ils que d'habiles manœuvres doués d'une certaine souplesse de poignet ? Ne font-ils pas véritable œuvre créatrice dans la façon dont ils expriment telle mélodie ? Est-elle si « comique » la prétention d'un maître graveur de mettre son nom au bas d'un tableau qu'il vient de reproduire ?

L'exagération ici est évidente et il n'est pas besoin d'y insister. Pourtant, sur un point de détail, bien qu'ici les intéressés soient plus autorisés que moi à le faire, je crois devoir appeler l'attention de M. Nocq. Il s'étonne de voir l'initiative d'une société d'ouvriers d'art prise par les peintres verriers, « alors, dit-il, qu'il n'est guère d'exemple que ceux-ci aient fait plus que décalquer des cartons fournis par d'autres artistes. »

M. Nocq a trop de compétence en ces questions pour croire que ce soit là le procédé normal de la peinture sur verre. Qu'il y ait de nos jours une tendance à remplacer l'art par la décalcomanie, que, dans un but d'économie, on fasse exécuter des maquettes par des ouvriers inhabiles, c'est là un fait déplorable, contre lequel justement s'élèvent les peintres verriers au nom de la dignité de leur art que l'on rabaisse ainsi à la verroterie.

M. Nocq n'ignore pas qu'il ne suffit point de savoir peindre pour composer un vitrail vraisemblable, le dernier Salon des Champs-Elysées nous en a fourni des preuves. Il y a là toute une série de connaissances techniques à posséder, de nécessités matérielles à prévoir. L'art des vitraux est un art bien déterminé.

Nul ne le conteste, pas même les hommes chargés d'avoir à cet égard des opinions officielles. Dernièrement, à un banquet qui a fait quelque bruit, M. A. Picard, commissaire général de l'Exposition de 1900, l'a affirmé avec solennité.

Mais il ne s'agissait que de relever une inexactitude et de montrer à M. Nocq qu'il s'est mépris et sur les revendications des ouvriers d'art et sur le but qu'ils poursuivent en s'associant.

§◉

Nous l'avons déjà dit et il ne messied pas de le répéter : ce que nous réclamons avant tout, c'est la libération de l'homme, pour aboutir à l'affranchissement de l'œuvre. Nous voulons par la solidarité suppléer le plus possible au rôle des intermédiaires ; par des expositions faire connaître au public les artistes, permettre à ceux-ci d'affirmer sans contrainte leur talent, contribuer ainsi au progrès de l'art et au bien-être des artisans.

Ce style dont M. Nocq constate l'absence, c'est l'indépendance seule, la pleine liberté d'esprit qui le pourra faire naître.

Il ne s'agit pas là de satisfaire de petites vanités, c'est à la fois une question d'art et une question sociale qui se posent, celle-là subordonnée à celle-ci.

C'est un des aspects de cette « incessante lutte entre le travail et le capital » dont M. Nocq parle lui-même.

Le socialisme réclame pour tous dans la société plus de liberté et de justice, il veut permettre à chacun de produire ce dont il est capable ; les ouvriers d'art ne réclament pas autre chose, et c'est pourquoi de toutes nos forces nous voulons faire entendre leurs revendications, c'est pourquoi de tout notre cœur nous souhaitons le succès de cette Fédération dont le but est noble autant que juste.

Telles sont les revendications des ouvriers d'art et il faut
savoir gré à M. P. Lagarde de les avoir ainsi formulées.

Les arguments de mon honorable contradicteur témoignent d'une sincère ardeur de convictions, sous cette forme
mesurée, non sans éloquence, que j'ai déjà goûtée dans
ses intéressantes chroniques de *la Revue socialiste*. — mais
ils ne m'ont pas persuadé.

Le plus curieux, c'est que ce soit précisément mon enquête qui ait fortifié son sentiment bienveillant à l'égard
des artisans dont je conteste le mérite. Comment la même
cause peut-elle produire des effets aussi différents ? Il y a
très peu d'années, je partageais les opinions de M. P. Lagarde ; aujourd'hui c'est autre chose, et « l'enquête » n'a
fait qu'assurer davantage ma conviction et mon expérience
personnelle ; — (car je suis un peu ouvrier d'art moi-
même, et j'imagine qu'il est bon, pour pouvoir examiner
impartialement nos différents métiers d'art, d'avoir successivement pratiqué soi-même les principaux) — cette paren-
thèse pour que M. Paul Lagarde n'allègue plus que mes
appréciations, écrites en toute liberté, sans aucune passion,
négligent de tenir compte des conditions matérielles et
techniques.

« Selon moi, qui suis mal informé », dit M. Lagarde,
« l'unique préoccupation des ouvriers d'art, le but même

de leur union, dont l'initiative fut prise par les peintres verriers, c'est d'obtenir de signer les œuvres auxquelles ils collaborent ». — Ce n'est pas « selon moi », et je puis indiquer mes sources d'informations qui doivent être bonnes, car j'ai seulement résumé les paroles mêmes de MM. Coupri, Laumonnerie, Coulier (5ᵉ séance du Congrès). Jusqu'ici, ils n'ont jamais demandé que cela ; et, du reste, nous le verrons tout à l'heure, ils ne peuvent pas demander autre chose sérieusement. Cette revendication, M. Arthur Maillet, en une très vive campagne, l'a appuyée de toutes ses forces. *L'Art décoratif moderne* est l'organe le plus autorisé des ouvriers d'art — quelques-uns d'entre eux y écrivent ; — cette question de la signature y a été examinée très longuement, elle semble y dominer toutes les autres questions ; et toujours revient à l'appui des réclamations l'exemple de la Gallia, avec son casque, sur lequel — oh ! scandale — ne figure pas le nom de M. Robert ; on invoque l'exemple de Barbedienne qui, plus juste envers les ouvriers d'art, ne négligeait aucune occasion de rendre hommage à Constant Sévin et autres artistes (!) Des artistes ! chez Barbedienne ! non, je vais rire encore ; qu'on fasse une bonne fois venir une équipe d'ouvriers japonais pour leur apprendre ce que c'est que du bronze, à ces artistes. Vraiment, je reste confondu de l'indulgence d'Arthur Maillet, et de l'optimisme de Paul Lagarde ; plus j'examine et plus je dénie le sentiment d'art à des gens qui ignorent même les ressources du métier. Sur ce point, le témoignage est presque unanime des peintres et des sculpteurs qui, dans l'exécution de quelque commande, ont confié des travaux accessoires à des spécialistes de l'industrie.

Si j'en crois M. Paul Lagarde, les ouvriers d'art, toute question de vanité écartée, « se révoltent contre un état de choses qui les opprime, les empêche de donner la vie aux rêves qu'ils portent en eux, les condamne aux machinales copies » que je leur reproche. Il prête là aux artistes industriels des sentiments qu'ils n'ont certainement pas, qu'une longue tradition de travail ne leur permet pas d'avoir : loin de protester contre la servile imitation, ils se sont, en maintes circonstances, réclamés de leur fidélité aux styles anciens. De plus, un véritable artiste, quand vraiment il porte un rêve en soi, aucune puissance ne saurait l'empêcher de mettre au monde son œuvre ; et cela est hors de doute. — Puisque M. Paul Lagarde aime les comparaisons : parmi les écrivains, ils sont nombreux ceux que la pauvreté asservit à de tristes travaux, qui attendent, pour retourner à leur rêve, la fermeture du bureau où ils ont passé la journée sur des rédactions administratives bien peu littéraires, n'est-ce pas ! souvent pour un salaire qui ferait hausser les épaules à nos artisans.

Par contre, je ne saurais laisser passer sans protester le parallèle suivant : « Qui osera sérieusement nier que lors même qu'il ne s'agit que d'exécution, d'interprétation, il y a là véritablement œuvre d'art où la personnalité de l'homme apparaît, ses façons de sentir et de comprendre, les qualités de son esprit et de son cœur. Sarasate, Diémer, ne seraient-ils que d'habiles manœuvres, doués d'une certaine souplesse de poignet ? Ne font-ils pas véritable œuvre créatrice dans la façon dont ils expriment telle mélodie ? »

La comparaison paraîtra un peu audacieuse à quiconque connaît les habitudes du travail industriel divisé entre plusieurs spécialistes ; tout dans leur besogne coutumière est tellement réglé, prévu, qu'il n'y a qu'à tourner la manivelle pour « exprimer la mélodie ».

Plus loin, à propos des peintres verriers, M. P. Lagarde avance que la reproduction exacte, décalquée, de cartons fournis par des artistes peintres, n'est pas le procédé normal de la peinture sur verre — sans me convaincre — et il ajoute : « M. Nocq n'ignore pas qu'il ne suffit point de savoir peindre pour composer un vitrail vraisemblable, le dernier Salon des Champs-Elysées nous en a fourni des preuves. Il y a là toute une série de connaissances techniques à posséder, de nécessités matérielles à prévoir. »

Je sais la nécessité des connaissances techniques ; je sais aussi la tendance qu'ont les ouvriers à s'en exagérer l'importance. On peut savoir peindre et composer un mauvais vitrail, une mauvaise tenture ; également, on peut connaître à merveille les conditions techniques du vitrail et de la tapisserie et les appliquer mal. Les connaissances techniques sont nécessaires, mais le sentiment d'art est nécessaire aussi avec cette différence que les techniques s'apprennent plus ou moins vite, tandis que le sentiment d'art est réservé à un petit nombre, il ne peut s'acquérir, tout au plus se perfectionner, s'affiner par de longues études. Les hommes qui possèdent le sentiment d'art, aussitôt qu'ils sont informés des ressources techniques, savent en profiter autrement et mieux que les spécialistes ; il y a entre les uns et les autres des différences notables ; que ces différences ne jettent pas, consacrées par une étiquette, une défaveur sur les ouvriers d'art, nous le demandons de toutes nos forces ; cependant, il convient de le remarquer, un modèle de M. Grasset, par exemple, est d'une autre qualité d'art qu'un modèle industriel ordinaire ; au demeurant, tous les rivets d'une pièce de ferronnerie, tous les plombs et les fers d'un vitrail, tous les assemblages d'un meuble y sont prévus et définitivement indiqués en détail ; M. Dampt pratique lui-même, avec une rare perfection, tous les métiers d'art. Les dessins de tapis de M. Aubert, les dessins de broderies de M. Duez, etc., composés par des peintres, sont tout aussi « techniques » que les piètres inventions des « hommes du métier ».

M. P. Lagarde conclut que je me suis mépris sur les revendications et le but des ouvriers d'art et que je n'ai pas vu la question sociale et la question artistique qui se posent

ici. Je ne les vois pas encore ; et pourtant j'ai sous les yeux
un nouveau document : le compte-rendu de la première
réunion organisée par le Comité de la Fédération des
Ouvriers d'art. Jusqu'ici, les ouvriers d'art réclamaient le
droit à la signature, c'était toujours cela ; maintenant, ils
n'en parlent plus et je me demande ce qu'ils veulent. Elles
sont bien vagues, les déclarations du Comité d'initiative :
« Ils demandent le relèvement matériel et moral de l'ouvrier d'art (il est donc tombé) et la rénovation des arts
décoratifs. »

La rénovation des arts appliqués, il y a déjà bien longtemps qu'il en est question ; cette rénovation, elle est
commencée, une pléiade de vaillants artistes y travaillent
qui, fort heureusement, n'ont pas attendu le tardif concours
des fédéralistes. Le passage essentiel du compte-rendu est
la définition des ouvriers d'art : Qu'est-ce qu'un ouvrier
d'art ? « Nous entendons donner au mot ouvrier d'art la
plus haute acception : pour nous, il doit être avant tout un
créateur, c'est-à-dire un professionnel dont la maîtrise
s'établit sans conteste par la production d'une œuvre
conçue et exécutée par lui-même. »

Conçue et exécutée par lui-même... Oh ! la belle définition...
Oui, mais alors la Fédération des Ouvriers d'art n'est plus
une vaste association, mais une petite famille, toute petite
famille ; pour ne pas mentir à cette définition, combien
d'hommes, en Europe, pourront faire partie de l'association ? Le compte n'en serait pas long — et soyons éclecti-

ques — : William Morris, Grasset, Walter Crane, Dampt, Bracquemond, Roty, les principaux artisans-artistes du Champ-de-Mars et de la Libre-Esthétique ; en tout, une vingtaine.

Au reste, ce sont ces hommes-là qui préparent la rénovation des industries d'art, et eux seuls, il convient de le déclarer, dirigent le mouvement nouveau qui commence à s'indiquer ; l'impulsion donnée, inconsciemment les ouvriers d'art en subissent un lointain contre-coup : de là leur bruyant réveil. Les fédérations, les expositions séparatistes ne feront rien pour le progrès de l'art, ne serviront à rien qu'à éloigner de leurs maîtres tout indiqués, des ouvriers d'une éducation insuffisante, et incapables de rien produire par leurs propres forces.

Or, après bien des hésitations, j'en arrive à me demander s'il n'est pas dans l'ordre des choses que les ouvriers d'art commettent de telles erreurs et travaillent ainsi à leur propre élimination que j'entrevois déjà, les artistes très forts devant seuls survivre à la disparition de la plupart des collaborateurs de l'industrie et au remplacement, par des machines excellentes, de ces artistes incomplets.

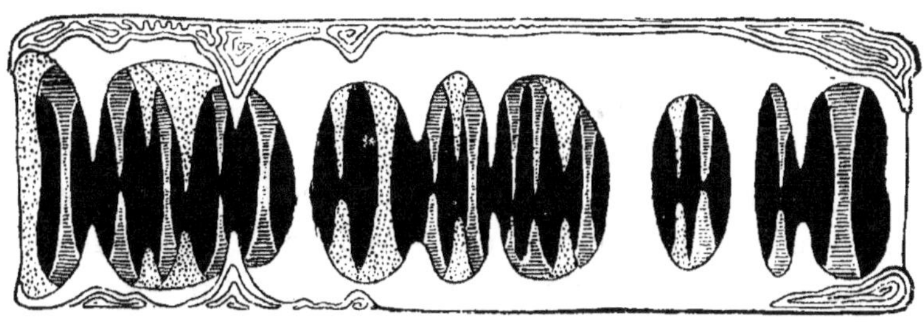

IX

Plusieurs écrivains ou artistes ont déclaré, le lecteur ne l'a pas oublié, que les Anglais étaient en avance sur les Français dans le mouvement des industries d'art. La comparaison est intéressante et instructive, et j'attire l'attention sur ce point tout spécialement.

La qualité caractéristique du peuple anglais, c'est, avant tout, le sentiment de l'ordre et de la logique ; c'est aussi l'horreur de l'ostentation et du cabotinage. Tous les hommes qui connaissent bien l'Angleterre sont d'accord là-dessus. Ordre, logique, simplicité, c'est de là précisément que vient, selon moi, la prospérité de l'industrie décorative anglaise.

Ces qualités sont encore, à mon sens, ce qui nous manque le plus ; et à chaque pas, dans Londres, il s'impose des comparaisons frappantes ; il est vraiment extraordinaire de trouver à si peu de distance de nous des habitudes aussi différentes.

Dans la rue, les devantures des magasins revêtues de tons plats, presque toujours clairs, attestent une sobriété et une élégance vraie qui contrastent avec les dorures, le luxe artificiel, prétentieux et archéologique de nos boutiques parisiennes. Ici point de décors, point d'arabesques surannées ; le faux marbre et les pâtisseries sont bannies partout. Dans le plus modeste public-house, où le verre d'ale ou de porter se vend un penny, le comptoir, les boiseries qui revêtent les murs sont en chêne ou en acajou, en vrai chêne ou en acajou massif.

Si l'on entre dans une maison d'habitation, après avoir constaté d'abord que le confortable de la disposition intérieure n'est jamais sacrifié à la vanité de la façade, que l'air et la lumière pénètrent largement par les *windows* dans les appartements ingénieusement distribués, on cherchera en vain aux murs ces papiers peints qui imitent l'étoffe ou la tapisserie ; aux plafonds ces pâtes et ces cartonnages qui voudraient singer la sculpture ou les caissons des anciennes charpentes ; sur les meubles toutes les prétendues antiquités inutiles, disparates, encombrantes, dont notre bourgeoisie embarrasse ses intérieurs pour se jouer à elle-même la comédie du luxe et du collectionnisme.

Pourtant je ne crains pas d'affirmer, malgré un préjugé assez répandu en France, que le peuple anglais est aujourd'hui celui qui s'inquiète le plus de l'élégance et de la bonne tenue. Et en l'affirmant je n'ai pas en vue les classes privilégiées, je pense même aux travailleurs vivant à peu près

au jour le jour. En cela l'artisan de Londres diffère essentiellement de l'artisan de Paris. Le nôtre semble assez peu
soucieux de la correction de ses vêtements et de la coquetterie de son intérieur; l'ouvrier de Londres se préoccupe
constamment de ces détails.

Cette affirmation fera sourire, peut-être, quelques lec-
teurs qui n'ont pas séjourné à Londres, ou n'ont pas eu,
comme moi, l'occasion de visiter un grand nombre de maisons et de logements de différentes classes de la société.
Mais, sans s'être livrés à une enquête approfondie sur l'habitation anglaise, tous les voyageurs attentifs ne doivent-ils
pas, dans la rue même, avoir été frappés par une foule de
traits caractéristiques? Pour convaincre les Français scep-
tiques, il y a une expérience facile à faire; elle m'a réussi
plusieurs fois. Avant de monter dans un train métropoli-
tain ou suburbain, on s'approche de la locomotive : une
toute petite locomotive astiquée, vernie, émaillée en jaune
clair, en rouge, en vert pomme, et on s'aperçoit... que le
mécanicien porte des manchettes et un col *blancs*. Comment méconnaître l'importance de ce penchant naturel à
la coquetterie, qui prédisposait l'Angleterre au mouvement
de renouveau de ses industries décoratives.

Quelle a été dans ce mouvement l'influence de l'école
préraphaélite? Il serait bon de le définir aujourd'hui : l'ac-

tion de ce groupe si intéressant semble à peu près terminée
et n'a jamais été bien comprise en France, quoiqu'il en soit
souvent question. Le programme des artistes préraphaélites,
dont le plus important est sans doute le plus ignoré de nous,
D.-G. Rossetti, a été résumé par eux-mêmes ; la plupart de
ces artistes étant, comme les maîtres de toutes les bonnes
époques, des hommes d'une érudition solide, des poètes ou
des philosophes, des théoriciens capables d'exprimer en un
langage des plus élevés les idées qu'ils appliquent chaque
jour dans leurs œuvres : *C'est la haine du conventionnel et
des lois dont les écoles conservent la tradition ; la haine des
apparences et l'amour de la vérité : la Recherche de la vérité
par l'analyse des plus minutieux détails.* C'est un programme
bien anglais, qui met à profit, développe, exalte, les qualités foncières de la race anglo-saxonne.

Dès le principe, et pour les besoins de la lutte à soutenir, le groupe se réclama (d'où son nom, cela est connu),
des artistes primitifs, antérieurs à la fatale victoire de l'enseignement classique.

Il y avait là un danger. On pouvait craindre que l'admiration des maîtres primitifs ne finît par imposer une certaine ressemblance, une parenté au moins dans la manière ;
et il faut dire que sir Edw. Burne-Jones, par exemple, n'é-
chappe pas complètement à cette influence. Le danger eût
été grand en France, où toute tendance artistique, tout procédé nouveau, fait surgir, dès le premier succès, un nombre effrayant de copistes — (ceci n'est pas une simple

hypothèse — et puisqu'il est question de Burne-Jones n'avons-nous pas au Champ-de-Mars une cinquantaine de succédanés de Burne-Jones ?) ; c'était moins grave en Angleterre, où les esprits actifs et plus affranchis par l'éducation première ne sauraient subir longtemps une étroite formule d'art. Le socialiste William Morris, celui des préraphaélites qui cultive le plus spécialement l'art industriel et dont l'action est considérable, professe comme son ami Edw. Burne-Jones, le culte du XVe siècle, mais il n'enseigne pas qu'il faille copier dans la vie moderne les formes de cette époque. Tout au plus faut-il prendre ce qui peut *logiquement* convenir à notre temps et, partant de là, se mettre au travail et composer avec la même liberté et le même bon sens qu'aux meilleures époques d'art d'autrefois. Peu à peu, il se produit une évolution dont il est assez facile d'indiquer les phases significatives : les dessins de tapisseries d'Edw. Burne-Jones sont très près du sentiment et du faire des primitifs, à ce point que des tapisseries exécutées d'après les modèles de Burne-Jones peuvent voisiner avec un grand panneau imité du printemps de Boticelli sans inconvénient, sans la moindre faute d'équilibre qui ne manquerait pas de choquer et Wilfrid Blunt, le distingué amateur qui a commandé le travail, et William Morris, qui l'exécute. Avec les modèles d'étoffes ou les illustrations de Walter Crane ; avec les sculptures de Geo Frampton ; avec l'architecture de C.-F. Voysey, on sent le mouvement s'écarter de plus en plus de sa direction première, de sa tendance un peu trop archaïque ; enfin les modèles de papiers peints de Geo. Haïté semblent ne devoir presque plus rien au premier préraphaélisme. Cependant, tous les artistes, et ils sont nombreux, qui travaillent au succès de l'industrie décorative en Angleterre, rendent hommage à William Morris et à l'action qu'il a exercée sur eux. Malgré les divergences des tempéraments particuliers, il subsiste chez eux les principes de la saine doctrine que cet homme de haute valeur a su leur imposer ; c'est, comme je le disais plus haut, la doctrine de la logique et du bon sens décoratif que Morris prêche dans ses ouvrages, dans ses conférences, qu'il montre appliquée dans son magasin, d'Oxford street, dans ses ateliers de Merton Abbey, dans son imprimerie de Kelmscott House.

Cette influence, reconnue par les artistes et par un grand nombre d'industriels, saute aux yeux du reste, dans les expositions d'arts et métiers *(Arts and Crafts)* telles que l'exposition actuelle de Manchester, et il semblerait que William Morris lui-même soit le seul à ne pas s'en apercevoir. Ayant eu la bonne fortune de l'écouter assez longuement il y a quelques jours et de visiter avec lui son imprimerie, j'ai vainement essayé d'obtenir de lui autre chose que des dénégations à ce sujet : « Non ! non ! disait-il, je n'ai aucune influence, les Anglais ne veulent pas entendre raison. Ils y viendront, j'en suis sûr, je ne suis pas un pessimiste ; je sens bien qu'un renouveau artistique se prépare, mais je ne le verrai pas... Si je travaille encore, à mon âge, c'est que l'art est en somme la seule chose digne de nos efforts et la seule agréable, la seule qui m'aide à passer le temps de vie qui me reste.

« Voyez-vous, nos contemporains ne s'occupent pas d'art : ils n'ont pas le temps ; plus tard ils y reviendront, quand ils seront guéris de la folie du commerce... »

« Un mouvement d'art sérieux ne peut se déterminer sans l'architecture ; je ne vois pas d'architecture possible en dehors du peuple, et le peuple tourne le dos aux choses d'art... Cela n'a pas toujours été, j'ai connu en Angleterre de nombreux vestiges de l'architecture privée et de l'industrie du moyen âge... Et aussi en France : à Paris, à Reims, à Rouen, avant que vos villes fussent *haussmanisées*... Je suis venu en France pour la première fois en 1853. Quel trajet j'ai fait alors, de Paris à Rouen, par Mantes, Vernon, etc. ! Rien que des merveilles tout le long du chemin ! Cela est disparu, tout a été détruit peu à peu depuis cette époque. »

Tandis que j'écoutais M. William Morris évoquer le souvenir des impressions d'art qu'il garde de ses voyages en France, je ne perdais pas complètement de vue la question qui m'occupe : lorsque le maître me parla de nos vieilles tapisseries, je m'empressai de ramener la conversation sur celles qu'il exécute à Merton-Abbey : ensuite sur les vitraux dont les cartons, comme ceux des tapisseries, sont fournis par M. Edw. Burne-Jones à peu près exclusivement (quelques dessins, surtout au début de la fabrication, furent demandés à Walter Crane. Aujourd'hui M. Crane collabore surtout aux vignettes et aux bordures des livres de Kelmscott-press.). Mais il me fut impossible d'obtenir de ce savant trop modeste aucune déclaration de principes, aucun jugement formulé définitivement ; on ne peut donc se figurer l'idée du système de M. W. Morris que par certaines indications de détails ; ainsi lorsque je témoignais mon admiration pour la merveilleuse typographie de Kelmscott-press :

« C'est bien simple, me dit-il, la première qualité d'un livre, c'est d'être facile à lire ; les caractères qui fatiguent la vue sont toujours mauvais ; il faut être logique, n'est-ce pas ? et destiner chaque chose à son usage. J'ai donc fait fabriquer mes caractères, qui se rapprochent des anciens italiens, ou plutôt des types de Mayence, en pensant d'abord au côté pratique, et cela est beau. Je hais surtout les caractères dits elzévirs ou didot, avec leurs déliés bien maigres et bien laids, qui font mal aux yeux. Les plus beaux caractères sont les plus lisibles. »

La même logique et la même simplicité se retrouvent dans tous les travaux exécutés chez W. Morris. Cela vaut des théories. Et, du reste, ses théories, nous les avons tous lues dans *Craintes et Espérances pour l'Art*, faute d'avoir entendu l'excellente conférence prononcée à Manchester l'an passé. Enfin, c'était une étrange idée que de demander à M. William Morris son opinion sur la renaissance de l'art mobilier en Angleterre, c'est-à-dire sur le succès de ses propres travaux.

Par contre, je fus heureux de trouver la confirmation de ma manière de voir dans les réponses très explicites de M. Walter Crane :

« Il est certain, m'a-t-il déclaré, qu'il y a eu en Angleterre, depuis vingt-cinq ans, un renouveau de la décoration ; malgré l'éclectisme et les tendances diverses des artistes originaux, l'évolution se voit nettement. Nous pouvons en retrouver les sources, en distinguer des éléments ; mais la restauration et l'appropriation bien nouvelles sont distinctement anglaises.

« Je daterai ce renouveau du commencement de l'école préraphaélite et je l'attribuerai à l'attention au détail et à la recherche de l'effet décoratif qu'elle a préconisées. Je citerai des hommes comme Rossetti et William Morris comme ayant une puissante influence sur ce renouveau. Je pense que nous pouvons aussi proclamer l'utilité pour le public et pour l'industrie des expositions d'art industriel ; je n'ai pas vu jusqu'à présent l'exposition du Champ-de-Mars, mais je suis sûr que chez vous, comme ici, de telles expositions auront toujours leur effet sur le goût...

« Le système moderne de l'industrie est peu favorable à une production artistique (quoique, pourtant, bien dirigé, il puisse encore produire des choses intéressantes...). C'est un système organisé uniquement en vue du profit, et qui fait passer la quantité avant la qualité.

« L'artiste isolé ou les ouvriers d'art associés dans un travail, en tant qu'artistes, cherchent d'abord la beauté dans leur ouvrage. Ils peuvent désirer vivre de leur travail, mais cela est essentiellement différent des fabricants, qui organisent le travail des autres pour leur profit personnel, et ne s'inquiètent que de la vente. S'il peut y avoir des industriels individuellement doués de sentiment artiste, et aussi des artistes ayant individuellement un côté commercial, le plus généralement ils sont tout à fait différents en principe, et il est difficile de supposer comment ils pourront jamais s'accorder. Le changement dans le système de production manufacturière est cependant nécessaire. Je l'espère, étant artiste, au point de vue artistique, et, étant socialiste, comme devant favoriser le progrès local et varié des petites collectivités. Donc je ne suis pas satisfait de la production industrielle en Angleterre et à l'étranger.

« Pourtant je pense qu'en Angleterre, grâce aux efforts de nos artistes, nous avons fait depuis quelque temps de grands progrès. Nous sommes revenus à des lignes meilleures et de réelle valeur, — je parle de nos meilleurs ouvrages. — Sur le continent autant que j'ai pu observer, vos ouvriers d'art sont en général plus experts, mais ils ne semblent pas avoir beaucoup de sentiment ; ils ont surtout une certaine compréhension des styles historiques. Malgré tant de peines prises pour cultiver le goût, les formes de la fin de la Renaissance dominent encore très grandement dans l'art de décoration en France, en Allemagne et en Italie... Nos plus distingués artistes pensent qu'il est mauvais, dans l'étude de l'histoire de la décoration, de regarder les objets postérieurs au premier quart du XVIe siècle. »

§◗

Je pourrais rapporter ici la déposition de plusieurs artistes. A quoi bon ? Lorsqu'on interroge les principaux de cette vaillante troupe de novateurs anglais, on s'aperçoit bien vite qu'ils répondent tous à peu près la même chose. Ils expliquent chacun avec un juste sens critique leur but, et ce but est le même pour tous. Ils semblent obéir à un mot d'ordre, ne laissent voir aucune jalousie mesquine entre eux, aucun désaccord qui compromettrait le succès de leur cause commune. Voilà un exemple de solidarité que nous devrions suivre en France. Non seulement les artistes, mais ceux des industriels qui se rallient à leurs idées, savent qu'ils peuvent compter les uns sur les autres, échangent journellement leurs idées, font partie du même « club ». C'est une alliance vraie, c'est la solidarité sans phrases.

A ce sujet le témoignage d'un grand industriel anglais était bon à recueillir ; je l'ai demandé à M. Essex, le fabricant de papiers peints bien connu :

« — Il n'y a entre les artistes de valeur dont j'édite les dessins et moi aucun malentendu, jamais d'arrière-pensée ; ce sont des amis, m'a répondu M. Essex.

— Ainsi, lui dis-je, vous ne craignez pas, en suivant de près les idées des plus hardis réformateurs artistes, d'être entraîné trop loin ?

—Non, je ne crains pas cela ; j'ai une confiance absolue...

— Etes-vous sûr, en récompense des sacrifices que vous vous imposez pour le succès de l'art moderne, de voir le public s'intéresser à vos efforts ?

— J'ai confiance ; le public ne comprend pas encore complètement, mais le petit commerce, dont le concours est important, s'adresse déjà à nous ; il vient peu à peu aux manufacturiers de l'*art nouveau* ; le progrès est régulier, c'est comme une plante qui grandit tous les jours d'une façon certaine et bien visible. »

En affirmant la parfaite cordialité de ses rapports avec les artistes, M. Essex n'exagérait pas. J'en eus la preuve le soir même en trouvant à sa table du Club la plus agréable et instructive réunion.

C'est là qu'un jeune sculpteur attaché à une importante manufacture de céramique m'assura qu'il serait immédiatement congédié s'il s'avisait de modeler quelque motif imité des styles anciens.

Pourquoi n'ai-je pas encore entendu en France une semblable déclaration ? Sans doute c'est un hasard fâcheux, une insuffisance d'information. J'arrête donc là une comparaison qui me rendrait suspect de prévention et d'anglomanie.

X

A la fin de cette enquête, le lecteur attend peut-être quelques lignes de conclusion. Je ne crois pas qu'il me soit permis d'indiquer à toutes les questions qui ont été examinées ici, une solution définitive; du reste la plupart de ces questions se trouveront d'elles-même avec le temps résolues.

Si pourtant j'indique ici brièvement mon opinion, m'interwievant moi-même, c'est que chez la plupart des personnes que j'ai consultées, malgré l'intérêt et l'importance de leurs dépositions, j'ai cru constater une manière de voir incomplète, ou plutôt une erreur de mise au point; c'est qu'ilpèse sur toute la production actuelle et sur la critique un malentendu; je serais heureux en le signalant de contribuer à le dissiper.

Presque tous, gens de lettres, artistes, industriels, lorsqu'ils comparent les œuvres modernes avec les plus remarquables vestiges du passé qu'une sélection naturelle nous a conservés; lorsqu'ils déplorent la division du travail, ou

bien lorsqu'ils regrettent l'ancienne main-d'œuvre : l'objet
d'art longuement caressé par un artisan passionné ; ou encore lorsqu'ils se plaignent de l'absence d'un style moderne,
ne tiennent pas assez compte des conditions sociales et économiques. A toutes les époques l'évolution de l'art con-
corde exactement avec l'évolution sociale.

Au moyen âge, de grandes collectivités d'artisans collaborent à des œuvres d'ensemble. Ils apportent tous à leur
travail, avec l'ardent désir d'une perfection technique absolue, une modestie qui étonne ; la personnalité de chacun
s'efface devant la volouté directrice du maître de l'œuvre,
qui lui-même le plus souvent disparaît. Nous ne pouvons
pas exiger des hommes d'aujourd'hui la foi et la résignation
du moyen âge.

A partir de la Renaissance tous s'efforcent à satisfaire les
goûts et les caprices du Souverain, à rehausser le prestige
du pouvoir absolu ; sous la monarchie, l'art est exclusivement monarchique.

Mais l'homme du peuple, arrivé enfin à la vie sociale, à
la politique, n'a-t-il pas droit aussi à des réalisations artistiques nouvelles ? On devrait être d'accord sur ce point.
Pourtant, loin de désirer une révolution intellectuelle dont
les effets seraient bienfaisants et hautement moralisateurs,
certains artistes s'obstinent à penser, à parler, à travailler
en dehors de leur époque, sans doute ils regrettent sincèrement la disparition des croyances, la suppression des jougs
qui soumettaient tous les hommes dans les anciennes civi-

lisations abolies. Ils se laissent éblouir par le côté tout extérieur de magnificence, de mise en scène qu'ils voient d'abord aux époques de plus cruelle servitude.

Leurs œuvres conformées toujours à l'idéal monarchique, au lieu d'aider à la diffusion de la vérité et de la justice, contribueraient plutôt à perpétuer les hiérarchies surannées, si cela était possible. Ils pourraient aider au progrès, et préfèrent rester des hommes de décadence. Ceux-là prennent place parmi les hommes de demain, qui acceptent la mission sociale dévolue aux artistes désormais. Pour appeler la masse aux sensations d'art, pour faire pénétrer la notion de beauté des formes et des couleurs jusque parmi les plus humbles, il faut revêtir de cette beauté les objets les plus nécessaires à la vie ; que l'art pratique, utilitaire, soit avant tout populaire.

Je crois qu'il ne faut plus médire de la fabrication mécanique qui doit aider à cette diffusion nécessaire. Au demeurant, la production mécanique, fût-elle mauvaise, elle existe, elle triomphe. Or elle n'est pas un mal, elle est excellente, pourvu qu'on lui demande, non plus les qualités imprévues, pittoresques, hésitantes du travail manuel, mais qu'on invente des formes convenant au travail rigoureux des machines.

Si les artistes les plus informés des conditions de l'harmonie apportent à l'industrie leur collaboration, nos meubles, tous nos ustensiles embellis (et certainement simplifiés, le plus souvent), profitant des recherches de beauté et de logique jusqu'ici apportées aux seuls tableaux et statues inutiles, contribueront au charme de tous nos instants et complèteront l'éducation de notre œil et de notre esprit.

De son côté l'industriel, avec les perfectionnements incessants de son outillage et l'emploi de matériaux nouveaux, produira à bon marché et en grande quantité ces objets d'art utiles, de façon à augmenter tous les jours le nombre des hommes appelés à jouir des meilleures sensations de l'œil et du toucher.

J'attends avec impatience le retour des artistes à l'industrie. Grâce à la production mécanique leurs œuvres seront mises à la portée du plus grand nombre et ainsi serviront au progrès social.

C'est la fin du prétendu grand art. Peut-être, mais qu'importe ?

INDEX ALPHABÉTIQUE

TABLE DES MATIÈRES

DEUXIÈME PARTIE

NOTES SUR LE PROGRÈS DES INDUSTRIES D'ART

DIJON. — IMPRIMERIE DARANTIERE, RUE CHABOT-CHARNY, 65